改变世界的航天计划丛书

太空飞行：神秘的航天器

刘进军 著

陕西新华出版传媒集团

未来出版社

图书在版编目（CIP）数据

太空飞行：神秘的航天器 / 刘进军著. -- 西安：
未来出版社, 2020.10（2021.03 重印）
（改变世界的航天计划丛书）
ISBN 978-7-5417-6874-3

Ⅰ. ①太… Ⅱ. ①刘… Ⅲ. ①航天器—普及读物
Ⅳ. ①V47-49

中国版本图书馆 CIP 数据核字（2020）第 138728 号

改变世界的航天计划丛书
GAIBIAN SHIJIE DE HANGTIAN JIHUA CONGSHU

太空飞行：神秘的航天器
TAIKONG FEIXING：SHENMI DE HANGTIANQI

策划统筹	王小莉
责任编辑	王小莉
出版发行	陕西新华出版传媒集团　未来出版社
地　　址	西安市雁塔区登高路 1388 号　邮编　710061
电　　话	029-89120506
开　　本	720 mm×1020 mm　1/16
印　　张	13
字　　数	212 千字
印　　刷	陕西安康天宝实业有限公司
版　　次	2020 年 10 月第 1 版
印　　次	2021 年 3 月第 2 次印刷
书　　号	ISBN 978-7-5417-6874-3
定　　价	38.00 元

目录

一个倔强的灵魂，死里逃生；一个战俘，从地球到月球。人生的苦难，不能阻挡宏伟的理想。怎样将洲际导弹变成运载火箭？怎样将科学、真理与和平送入太空？

1.1 倔强的灵魂

　　人生之路，有时并不由个人选择。

　　有这样一个人，聪明绝顶，他顶着苏联洲际导弹之父、运载火箭之父、宇航之父、太空计划总设计师、载人航天开创者、苏联科学院院士……一连串桂冠，闪耀着智慧和荣耀的光芒。

　　他能让火箭变成洲际导弹，也可以将洲际导弹变成运载火箭，还把世界上第一颗卫星送上了太空，却不能掌握自己的命运，差点儿被枪毙。

　　他是谁？他就是苏联火箭总设计师——科罗廖夫。科罗廖夫以其远见卓识和雄才伟略，拉开了火箭技术和太空探索的大幕，为苏联和全人类打开了太空新纪元的大门。

🎧 1912 年时的科罗廖夫

　　谢尔盖·科罗廖夫，1907 年 1 月 12 日出生在俄罗斯帝国乌克兰一个教师家庭。1923 年，在乌克兰的克里米亚，科罗廖夫在航空学会学习空中导航。他加入敖德萨水上飞机中队，聆听了第一次飞行课。1924年，他亲自设计了一架叫作"K-5"的滑翔机。同年，为了追求自己的理想，他考入基辅工学院航空系，用打零工赚来的钱支付课程费用。

　　勇气成就事业。1925 年，科罗廖夫为一个滑翔机公司工作，常常在滑翔机上训练各种高难度动作，曾摔断了两根肋骨。1926 年 7 月，他考进莫斯科国立鲍曼技术大学。1929 年毕业后，科罗廖夫成为齐奥尔科夫斯基的门生。

1930 年，科罗廖夫对液体燃料火箭发动机产生了浓厚兴趣。他认为火箭发动机更具有推动飞机的潜力。火箭，这种新技术越来越多地应用在军事领域。1931 年 9 月 15 日，世界上第一个专业火箭研究组织——苏联喷气推进研究小组成立，研究液体火箭。科罗廖夫为喷气推进研究小组的主要成员，后来成为负责人。

科罗廖夫传奇的一生，是在坎坷、辛劳和危难中度过的。

苏联红军参谋长、陆军元帅图哈切夫斯基，号称"红色拿破仑""天才战略家"，负责国防工业。1933 年 10 月，图哈切夫斯基签署命令：成立苏联喷气推进研究所，研究巡航导弹和载人火箭动力飞机。伊万·克列伊梅诺夫为主任，科罗廖夫出任副主任。

科罗廖夫的出色工作赢得图哈切夫斯基元帅的支持，很快取得了火箭研究和试验的许多成果。他还出版了《火箭发动机》和《火箭在平流层飞行》等著作。很快，苏联喷气推进研究所火箭研究开发中心完成了液体燃料火箭设计，并进行液体氧和汽油燃料火箭的首次发射。

后来，科罗廖夫因故被撤职，身份只是喷气推进研究所的一名工程师。他仍目标远大、工作勤奋、纪律严明、作风严谨，把时间都花在设计上。科罗廖夫亲自监督火箭计划的所有关键阶段，非常注重细节。

正当科罗廖夫准备大展宏图之时，一场无妄之灾悄然而至。1936 年 12 月 16 日，一名正在巴黎避难的前沙皇俄国的将军斯科布林敲开了德国驻法国大使馆的大门，把两份机密情报交给了德国盖世太保间谍卢戈森。

🔘 苏联红军参谋长、陆军元帅图哈切夫斯基

🚀 苏联火箭总设计师科罗廖夫

斯科布林的情报内容令人十分震惊：在苏联军队里正酝酿着一场大阴谋，苏军参谋长图哈切夫斯基正在策划推翻斯大林的军事政变。图哈切夫斯基是杰出的天才军事家，是希特勒最妒忌的苏联元帅。

卢戈森立即乘飞机将情报送回德国，向盖世太保头目、党卫队队长希姆莱和海德里希汇报。特务头子们仔细地研究这份情报后认为：情报胡编乱造，夸大其词，但必须好好利用。海德里希提出一个借刀杀人的反间计：德国利用这些情报，伪造文件，让斯大林信以为真，除掉图哈切夫斯基元帅，既而引发苏军内乱、削弱红军战斗力。

希特勒认真倾听了这个阴谋，马上批准了计划。不久，一批十分逼真、内容丰富的文件伪造成功了。海德里希对这份伪造文件很满意。他坚信图哈切夫斯基在劫难逃了。

1937 年 6 月 11 日，图哈切夫斯基元帅和 7 位将军被逮捕，很快便以叛国罪被执行枪决。斯大林发起了对党内的大规模政治清洗，即肃反运动。在这股滥杀无辜的浪潮中，苏联红军近 80% 的高级军官被杀害……

历史证明：这并不是一个骗局，而是一个悲剧。当年，斯大林大搞个人崇拜、个人独裁、红色恐怖，破坏民主、践

🚀

为了让斯大林确信无疑，海德里希设计了三个毒招。

第一招，德国将伪造的文件内容透露给捷克驻柏林公使马斯特内。马斯特内向捷克总统贝奈斯发了一封密电。贝奈斯又将电报交给苏联驻捷大使亚历山大罗夫斯基。亚历山大罗夫斯基立即飞回莫斯科，向斯大林报告。

第二招，海德里希装作喝醉了，无意中将情报透露给法国总理达拉第。达拉第悄悄告诉苏联驻法国大使波特金。波特金立即向莫斯科发出加急电报警告：苏军总参谋长图哈切夫斯基密谋杀害斯大林。

第三招，海德里希又派遣党卫军头目贝伦斯来到捷克首都布拉格。贝伦斯会见了捷克总统贝奈斯的代表，并透露了几份图哈切夫斯基的叛国证据。贝奈斯立即电告斯大林。贝伦斯让苏联驻柏林大使馆的伊兹赖洛维奇看了伪造的两封原件，并问："怎么样？开个价！"最后，苏联以 300 万卢布成交。"借刀杀人"的骗局成功了！

踏法制，遭到许多苏联高层反对。斯大林知道这是德国的阴谋。为了消灭这些位高权重的国家领导人、军队将帅，斯大林借德国之手除掉了他们。

因为图哈切夫斯基元帅负责国防工业，肃反运动也波及苏联喷气推进研究所。一天，苏联内卫军冲进了研究所，逮捕了所有领导。内卫军头子命令：主任和副主任一级的领导全部枪毙！

科罗廖夫之前被撤了主任的职务，因祸得福，保住了性命。当然，他仍没能逃脱牢狱之灾。1938 年 6 月 22 日，科罗廖夫以拖延设计任务、反党反社会主义等罪名被苏联内卫军逮捕。他遭受酷刑逼供，最终被判处 10 年有期徒刑，发配到西伯利亚。

1939 年，苏联获得希特勒在德国研制火箭的情报。克格勃新头目贝利亚决定起用科罗廖夫为苏联研究火箭。那时，科罗廖夫已来到遥远的西伯利亚东部著名的集中营——科雷马金矿。一天，科罗廖夫突然接到通知：你要换一个地方！

第一天上班时，科罗廖夫突然傻眼了，安排他工作的竟是自己的老师、苏联著名飞机设计师图波列夫！原来老师也被判刑关在监狱里。原来空气动力研究所、喷气推进研究所、火箭研究开发中心的很多同事都关在这里。他也是经图波列夫的极力申请才来到这里的，不然还要在西伯利亚挖金矿。

🎧 1938 年，科罗廖夫在监狱拍摄的照片

"一切为了祖国！"科罗廖夫认为，"我不是为某个人工作，而是为祖国工作，为科学、真理、正义和理想工作。"他全身心地投入到工作中去。一次，火箭发动机突然爆炸，碎片击伤了他的头部。他从飞机里被救出来时满身血迹，但他却欣慰地说："我幸好亲自参加了飞行试验，否则就无法了解爆炸时的真实情况。我找到了发动机爆炸的原因。"

1942 年，科罗廖夫设计和制造出战斗机用的液体火箭发动机。

直到 1944 年，科罗廖夫一直被关在内卫军专门关押科学家的监狱——马尔菲诺监狱，孤独地想念他的家人。期间，科罗廖夫心理深受摧残，养成保守

↑ 科罗廖夫在德国佩内明德火箭研究中心检查德国"V-2"火箭设施

和谨慎的性格。在监狱，他掌握了一些飞机的军事秘密，但陷于时刻被处决的恐惧之中。1944年6月27日，因设计飞机有立功表现，科罗廖夫坐了6年大牢，最终被减刑提前释放。

谁也想不到，世界将因此而改变！

1945年5月2日，苏联红军攻克柏林。苏联发动搜索德国科学家的行动。科罗廖夫重新穿上苏联红军军官制服，前往德国佩内明德火箭研究中心，搜集"V-2"火箭及其技术和资料。"V-2"火箭是纳粹德国在二战中制造、世界上第一种用于实战的弹道导弹。科罗廖夫十分震惊德国火箭专家的聪明才智和取得的技术成就。

 # 1.2　魔鬼变天使

二战胜利后，科罗廖夫利用德国"V-2"火箭的资料，开展洲际导弹的研究。1946年8月，他被任命为洲际导弹总设计师。1957年8月，在苏联堪察加半岛，"P-7"洲际导弹终于发射成功。苏联、也是世界的第一枚真正的洲际导弹诞生了。核弹头+洲际导弹=核武器。这是苏联令人印象深刻的核武器。美国和西方世界因此而发抖。

↑ 苏联缴获的"V-2"火箭发动机

↑ 苏联将希特勒藏在深山里的"V-2"火箭也拖了出来

科罗廖夫是一位正直、睿智而理性的科学家。他一直在思索和呼吁：洲际导弹不是烧火棍，更不能当饭吃，而是血腥残暴的杀人武器。它是科学的垃圾和智慧的败类。怎样利用洲际导弹的威力和力量发射人造卫星？怎样将洲际导弹变为运载火箭呢？

运载火箭，是专门发射卫星、飞船等航天器的火箭。科罗廖夫第一次提出将"Р-7"导弹改造成"卫星"号运载火箭，将卫星发射到太空轨道上。科罗廖夫认为苏联应该第一拳就击败美国，成为第一个发射运载火箭、将卫星送上太空的国家。

世界上第一枚运载火箭——"卫星"号矗立在发射台上

1957年10月4日，"卫星"号火箭发射成功。世界上第一枚运载火箭将世界上第一颗人造卫星——"卫星-1"号，送入太空。当时人们不明白"卫星"号运载火箭伟大而深刻的意义。赫鲁晓夫十分清楚，他大声宣布："它启动了飞往星际空间的按钮，世界将因此而改变。"

洲际导弹终于化邪恶为神奇，演变为运载火箭。运载火箭为世界航天做出重大贡献，推进了人类文明、太空探索的历史进程。人类进入太空时代，生活、科技和历史因此而改变，意义非常重大而深远。

运载火箭为人类航天、太空探索开辟了一条崭新的太空航线。

科罗廖夫说："我们要让火箭变成和平使者，越多越好。"

"Р-7"洲际导弹基因优良，共繁衍出了7种运载火箭："卫星""东方""上升""月球""闪电""进步""联盟"，组成了一个庞大的火箭家族。

到2019年12月底，"Р-7"洲际导弹改装的运载火箭后代一共发射了1 912枚。它是世界上发射数量最多的火箭，占世界发射总数的1/3，世界第一。它早期发射失败较多，后来极少失败，共计失败115次，成功率为94%。

苏/俄的火箭中，"联盟"号火箭贡献最大。它一般高度51.1米，芯级火箭直径3米，最大直径10.3米，发射质量313吨，火箭级数为2~3级，近地运载能力6.7~6.9吨。它的三角形结构，让火箭更稳定。

"联盟"号的第一级火箭上粗下细，与第二级火箭串联在一起。一级火箭

🚀 "联盟-FG"号载人运载火箭：世界最安全、最可靠的运载火箭

下面变成细长的圆柱体，四周环绕 4 个助推器，更紧密贴合在一起。每个助推器有 1 台火箭发动机和 4 个燃烧室，2 个游标燃烧室和 1 套涡轮泵。二级火箭的上面为圆柱体，1 台火箭发动机、4 个燃烧室及游标燃烧室和涡轮泵。

"联盟"号火箭涂装银灰、军绿和金黄的色彩，外形挺拔、威武，看起来十分令人震撼。"联盟"号可以改装成各种用途和功能的火箭，发射卫星、载人飞船、货运飞船、空间站、太空探测器等。

"联盟"火箭家族包括："联盟""联盟-L""联盟-M""联盟-U""联盟-2""联盟-FG""闪电-M"等。它们穿梭在天地之间，交相辉映。

科罗廖夫办事历来干脆利落、雷厉风行、风格鲜明。他在洲际导弹、运载火箭方面的非凡成就，举世瞩目。他志存高远，还要利用运载火箭干几件大事：发射卫星、探测月球、人类太空飞行、登陆月球。

1959 年 1 月，"月

1966 年 11 月 28 日，"联盟"号火箭首飞。到 2019 年底，"联盟"号火箭家族共计发射 1 366 次，1 316 次成功，50 次失败，成功率为 96.3%，高于世界平均 92% 的水平。它是世界上发射次数最多、最可靠、最安全的火箭。

"联盟"号堪称英雄的火箭。1983 年 9 月 26 日，"联盟-U"火箭进入倒计时。苏联宇航员弗拉基米尔·蒂托夫、根纳季·斯特拉卡洛夫将搭乘"联盟 T-10A"宇宙飞船，准备前往"礼炮-7"号空间站。

突然，在预定发射前 90 秒，火箭发生故障，燃起大火。本来，火箭故障必须 2 名发射人员发出指令，才能终止发射。这需要判断、分析、确认、启动等程序，要花费 20 秒的时间。这时，一名发射人员反应迅速、动作敏捷，另一名发射人员也眼疾手快。在 5 秒钟内，他俩分别按动了两个发射逃逸火箭的按钮。

"嗖——"在火箭爆炸前 2 秒钟，逃逸火箭冲向天空，飞到 4 千米外，拯救了宇航员。"联盟"号因此成为世界航天史上第一次发射逃逸火箭的火箭。

"联盟–FG"号火箭被运到拜科努尔航天中心

球–1"号探测器发射，目的是绕月飞行。尽管它在约 5 995 千米的距离与月球错过了，但创造了人类第一次最接近月球的纪录。同年 9 月，"月球–2"号探测器在月球硬着陆，无线电通信装置撞击月球后停止工作。这是人类航天器第一次进入月球轨道。同年 10 月，"月球–3"号获得巨大的成功，第一次拍摄了月球背面。

在人类发射第一颗卫星——"卫星–1"号仅两年后，人类就到达月球轨道，令所有地球人振奋。科罗廖夫又制定了探测月球、水星、金星、火星，载人太空飞行，间谍卫星，气象卫星，软着陆月球等雄心勃勃的计划和任务。

科罗廖夫为苏联赢得了一系列太空发射的世界第一：人类的第一枚洲际导弹、第一颗人造卫星、第一个地球生物小狗"莱伊卡"飞上太空、第一艘宇宙飞船、人类宇航员第一次进入太空、第一座空间站、第一颗月球探测器、第一

"联盟"号火箭拔地而起，冲向太空，惊险震撼

科罗廖夫梦想的太空飞行

名女宇航员飞入太空、第一次飞船对接、第一次太空行走、第一颗行星探测器等。

苏联的太空计划开始走上科学、真实、严谨的道路，创造出无数科学奇迹和世界纪录。当年，苏联宇航之父——科罗廖夫以其远见卓识和过人胆气，为苏联和全人类打开了太空新纪元的大门。他的个人身份却一直被列为国家机密，不为外界所知。直至他1966年逝世，全世界才开始知道一个令人惊叹的名字——科罗廖夫。

科罗廖夫去世的时候，仍然睁大眼睛，望着朝思暮想的太空。

 # 1.3 威慑的力量

玩飞机，没有意思。玩火箭，玩导弹才有激情！

这是另一位苏联火箭专家切洛梅的心里话。

1914年6月30日，切洛梅出生于现波兰境内的俄罗斯帝国谢德尔采的一个乌克兰教师的家庭。1932年，切洛梅考入基辅理工学院。在那里，他表现优异，是个具有天赋的学生。1936年，他出版了第一本关于矢量分析的书。

伟大的卫国战争初期，切洛梅曾在位于莫斯科巴拉诺夫航空电机大楼的中央研究所工作，后来转战多个工作岗位。他设计了许多脉动喷气发动机、巡航导弹、反舰巡航导弹、洲际导弹。他还进行航天器研发，从一个辉煌到达另一个辉煌。

1942 年，切洛梅研制了苏联第一台脉动喷气发动机。1948—1952 年，喷气发动机装进导弹进行测试，攻击距离达 912 千米，但是导弹的精度和可靠性不是很令人满意。喷气发动机除了用于导弹，也可以安装在飞机上，并在 1947 年莫斯科红场阅兵中亮相。

玩导弹，没有意思。玩反舰导弹，才有激情！

1944 年 6 月中旬，纳粹德国在英格兰南部投掷"V-1"巡航导弹。10 月，英国人将一枚未爆炸、弹体很完整的"V-1"巡航导弹送给苏联。1944 年 10 月 19 日，苏联空军司令亚历山大·诺维科夫提议切洛梅为第 51 设计局局长、总设计师。第二年，切洛梅成功仿制出"V-1"导弹，并命名为"山鬼"。

火箭发动机、洲际导弹专家——弗拉基米尔·切洛梅

1951 年，切洛梅继续科学研究的同时，取得了莫斯科鲍曼高等技术大学博士学位，成为教授。1955 年，切洛梅建立并领导了苏联第 52 特别设计局，担任巡航导弹的首席设计师。在那里，切洛梅研制新的巡航导弹，被称为巡航导弹之父。

切洛梅为苏联国防部设计了许多反舰巡航导弹、洲际导弹和运载火箭。1957 年 3 月 12 日，"P-5"反舰巡航导弹首次发射。1958—1959 年，在"P-5"的基础上，切洛梅又研发出超过 10 个不同变种的巡航导弹，让苏联海军巡航在世界各大海洋，威震世界。

1973 年，切洛梅研制成功"P-500"重型远程反舰导弹。北约称为"玄武岩"，号称"末日机器"。

切洛梅思考用什么样的火箭才能登上月球

1976 年开始，"玄武岩"反舰导弹装备苏联海军巡洋舰、核潜艇、航母，用于打击航空母舰和大型水面舰艇及舰队。

"玄武岩"反舰导弹长 11.7 米，质量 4.8 吨，弹径 880 毫米、翼展 2.6 米，飞行速度 2.5 马赫，最大射程 550 千米，最大巡航高度约 13 500 米，弹头为 1 吨炸药，可搭载 20 万吨当量核弹头。

据说有一年，赫鲁晓夫到英国访问。他来到热情好客的首相艾登家中做客。在暖烘烘的壁炉前，宾主入座，用精美的中国瓷器，享受着美酒和奶酪。突然，赫鲁晓夫问艾登："哎，我说首相阁下，你知道摧毁你们国家这几个小岛需要几枚核弹头吗？"

英俊潇洒、口若悬河的艾登首相瞬间目瞪口呆，不知如何回答。赫鲁晓夫伸出三个手指头："三枚，只要三枚……一片焦土！"

艾登很不高兴："你，这是核讹诈，吓唬人。"

"首相阁下，这不是我说的，是导弹专家切洛梅说的。他还告诉我，一枚就够了，哈哈哈哈……"

玩小导弹，没有意思。玩重型洲际导弹，才有激情！

切洛梅是苏联"核保护伞"的主要创始人之一。1961 年，切洛梅领导的第 52 设计局开始设计一种更强大、更威猛的重型洲际导弹——"质子"号。

切洛梅宣称："质子"号重型洲际导弹威力巨大，不但可以发射洲际导弹，还可以发射军事空间站。

苏联战略火箭军非常为难：我的老天！"质子"号重型洲际导弹威力强大，但体积更庞大，连火车运输都需要制造专门的车辆。

苏联战略火箭军司令说：我们很佩服"质子"号重型洲际导弹的威力，但是我们供养不起。请改换门庭，找个富贵的人家。

最后，"质子"号重型洲际导弹改建为"质子"号运载火箭，发射各种重型、大型航天器。后来，"质子"号运载火箭成为世界上最强大的火箭之一，名扬天下。

切洛梅很聪明，他研制了世界上第一种反卫星武器，还研制了世界上第一种空间站——"礼炮"号空间站，以及后来的"钻石"号军事空间站。

1984 年 12 月 8 日，切洛梅突然

"质子"号洲际导弹奋勇向上，威慑八方

"质子"号运载火箭：威猛、强大，令人震撼

去世，没有看到他的最新劳动成果。直到生命的最后一分钟，切洛梅的新创意还有很多，可惜他都无法实现了。

人们只要一提到切洛梅，就会想到核武器、战略导弹、核潜艇导弹、运载火箭、军事空间站……就会想到国防力量、航天力量、国家安全、国家主权和国家荣誉。

一个不屈的灵魂，可以改变世界。

1.4 从战俘到登月功臣

1945年4月，盟军深入德国境内，占领了德国的大片领土。希特勒的纳粹政权眼看大势已去。

布劳恩手臂打着石膏，十分狼狈地向美军投降

一个经典时刻即将来临。美军第 44 步兵师正虎视眈眈，慢慢逼近巴伐利亚州阿尔卑斯山下一个小镇。这里的老百姓都逃跑了，只有几只流浪狗在狂吠。

5 月 2 日，美军第 44 步兵师的士兵们正小心翼翼地靠近一个叫加米施的小村庄。突然，士兵们发现前面一个人骑着自行车，摇摇晃晃地过来了。

"站住！不许动！再动就开枪了！举起手来！"

"别开枪！我有重要事情向你们报告。"骑车人面对几十个枪口，吓得掉下了自行车。他一面举起手，一边用蹩脚的英语大声喊着："我叫马格努斯。冯·布劳恩是我的哥哥。他发明了'V–2'火箭。我们要投降！"

不一会儿，一群叫花子打扮的人来到美军营地。一个蓬头垢面、手臂上吊着绷带的人告诉美军："我就是你们要找的火箭科学家布劳恩。"

美军司令不敢相信这个 30 刚出头的小伙子，就是著名"V–2"火箭的主要发明者。

一个士兵报告将军："我们如果抓到的不是第三帝国最伟大的科学家，就一定是个最大的骗子。"

第二次世界大战末，美国制定了一个秘密计划——"回形针"行动：将德国纳粹科学家的人事档案用回形针夹住，改变为美国科学家。"回形针"行动就是搜索或逮捕德国纳粹科学家，将他们"请"到美国。美国把火箭专家布劳恩的名字列入战后所需搜罗的科学家名单之首，代号"冠军"。

美国在意识到"V–2"火箭威力的同时，也深知火箭专家的价值。美军司令下令："别人到处抢夺希特勒的财产、黄金和艺术品，我们只要科学家和科研资料。科学家比黄金贵重千万倍。你们一定要抓住火箭专家布劳恩等人，送回美国。"

直到这时，美国最高司令部才意识到：我们终于得到了最重要和最贵重的财富——布劳恩。美国军事专家立即讯问德国科学家，核对工程师的名单。

当时，加米施属于苏联红军占领的地方。为了不让苏联红军得到火箭专家

"回形针"行动中美军检查山洞里的"V-2"火箭（左），美军将缴获的"V-2"火箭都运往美国（右）

们，美国陆军的罗伯特·斯弗少校、陆军军械部喷气推进组研究与情报处处长威廉斯中校立即开着一辆吉普车，将布劳恩和他的下属从加米施运到慕尼黑。

第二天，布劳恩等人被空运到美国占领区。布劳恩曾短暂被拘留，由美国和英国情报官员审讯这位第三帝国的火箭专家和科技精英。

1945年6月19日，加米施地区的占领权移交给苏联。苏联红军一点儿也不知道布劳恩已被美军抓走的事情。

1945年6月20日，美国国务卿赫尔批准将布劳恩和其他的专家们转移到美国。美国情报机构为这些德国科学家捏造虚假的就业历史，从公共记录中清除其纳粹党成员等背景资料。这些纳粹分子一旦被"漂白"了，美国政府就可以光明正大地在美国给予他们科学家的身份。

1950年5月14日，《亨茨维尔时报》发表了《布劳恩博士称：火箭能飞行到月球》的文章。这标志着美国开始掀起宣传航天科学的浪潮。1950年，两部美国科幻电影描绘了宇宙飞船的惊险故事，飞船目的地——月球。

1952年，布劳恩首次发表了有关载人空间站的文章——《人类不久将征服太空！》。布劳恩描述的空间站是一个环形结构，直径76米。车轮状的空间站将运行在1730千米高度的高倾角轨道上，围绕一个中心旋转，产生人造重力。

1953年，布劳恩出版了科幻小说《火星计划》。他论述了星际航行的规模、各种手段和方法、可能出现的技术障碍和防护措施等。布劳恩在书中描绘的星际航行设想引起轰动。美国总统府、国会、参议院、众议院的议员们，美国国防部的将军们也瞪起双眼：人类真的能登上火星？在美国国防部，将军们提出疑问：人类连地球都没有出去，月球还是一片处女地，谈什么火星呢？这纯属无稽之谈。

布劳恩回答："科学，就是从幻想到梦想，从梦想到理想，从理想到现实。科学家先提出伟大的设想，再进行科学论证，最终选择最优方法实现。"

在美国国会，有的科盲议员却说："布劳恩博士，我很佩服你的智慧和想

布劳恩的思维缜密，治学严谨，事必躬亲

象力。《火星计划》里的设想能实现吗？"

"星际航行一定能实现，但是火星计划目前还只是个计划。"

"火星计划只是个计划！计划有什么用？"

"婴儿有什么用？！"布劳恩冷静地反驳。

科盲议员也迷茫了："是啊，婴儿有什么用？！"

"婴儿，是希望，是未来！"

这次经典的对话，是科学与科盲，智慧与愚昧的对决。布劳恩指出：远征火星是具有重大意义的航天活动。它的花费无论如何也不会超过一场局部战争的费用和损失。

布劳恩坚信，美国将第一个登上火星。

"我终于可以大胆地憧憬理想中的星际空间旅行了。"布劳恩来到美国后，激发出了卓越的才智和工作热情，为美国洲际导弹、为人类的航天事业做出了不可磨灭的贡献。

布劳恩的理想是飞上太空。美国陆军弹道导弹局与布劳恩的团队开发了"红石"等火箭。

1950—1956年，布劳恩领导在红石兵工厂开发"红石"火箭。不久，美国第一次利用"红石"火箭，进行核导弹试验。美国的"红石"洲际导弹诞生了。

1958年1月31日，美国利用布劳恩的"朱诺–1"号火箭，成功发射了美国第一颗卫星——"探险者–1"号。这一事件标志着美国太空计划的实施，取得了第一个成果。

登月，常被描述为科学幻想。当许多人认为布劳恩提出的登月火箭、月球飞船、人造卫星、空间站、火星计划等建议遥不可及时，他其

布劳恩向人们普及航天知识

实已经在为他的梦想努力工作了。

布劳恩，身体生活在地球上，思想却在月球上飞翔。他设计了一种能乘坐 50 名宇航员的飞船。

飞船拥有非常大的船体。每艘飞船长 49 米，直径 33 米，由 30 台火箭发动机推进。三个飞船舰队组成登月

布劳恩与他的太空项目概念图

探险队。两个载人飞船舰队乘坐宇航员，一个货运飞船舰队装载货物为主。登月后，宇航员将在鲁里斯地区建立永久性月球基地，将货运飞船的空货舱作为住宅和庇护所。

月球重力只有地球重力的六分之一。宇航员必须先适应月球的重力，学会在月球上行走。宇航员在月球上行走，感觉很爽：轻飘飘、慢悠悠、头重脚轻。如果一不小心，就会栽一个大跟头，用力过度就飞飘起来。当然，在月球上摔一跤，一点儿也不疼。

当宇航员适应了月球的重力，就探索周围环境，甚至远征到 400 千米外的哈帕鲁斯环形山和雨海山麓。这里荒凉至极，也充满了意外和惊奇，神奇和科学。

从月球上远眺地球是什么样子？布劳恩说：地球直径是月球直径的近 4 倍。地球质量是月球质量的 81 倍。从月球上远眺地球，地球像一个轻盈的大球。它散发出迷人和清晰的蓝色光晕，陆地、海洋、山川、河流十分清楚，仿佛一幅朦胧的油画。

布劳恩提议：人类应该将月球旅游列为人生目标之一。

许多人都不相信美国会登陆月球，连布劳恩非常要好的州长、参议员朋友也不相信。

"布劳恩博士，人类为什么要登陆月球啊？"他们问。

肯尼迪总统：太空就在那儿，可怎么上去呢

布劳恩豪情万丈地说："这不但是人类科学的理想，也是人类智慧的贡献，更是人类文明的最高境界。登陆月球能让人们认识科学、热爱科学和运

用科学，意义重大，影响深远。"

美国总统肯尼迪很喜欢与科学家交朋友，听科学家讲故事。他最要好的朋友就是梦想从地球到月球的梦想家、科学家——布劳恩。

登陆月球，这是人类千百年来的梦想。1961 年 5 月 25 日，在布劳恩等科学家的激励下，美国总统肯尼迪发表了著名的登月宣言：美国要在 10 年内将人类送上月球，并安全返回。整个国家的威望在此一举。

"阿波罗"载人登月计划开始了！在马歇尔航天中心，布劳恩负责研制"土星-5"号运载火箭。"土星-5"号号称世界上最大、最重和最威猛的火箭。它让"阿波罗"飞船不必先围着地球绕圈子，再飞往月球，而是直接将飞船送往月球。

布劳恩在"土星-5"号运载火箭的"F-1"发动机前

1969 年 7 月 16 日，"土星-5"号发射"阿波罗-11"号飞船。7 月 20 日，布劳恩让人类登陆月球的梦想终于成为现实。阿姆斯特朗实现了登月的伟大理想，发表感言："这是个人的一小步，却是人类的一大步！"

位于休斯敦的约翰逊航天中心飞控大厅里，飞控主任查尔斯泪流满面地宣布："这是登月的一小步，却是布劳恩的一大步！"

"土星-5"号运载火箭——火箭的里程碑

1.5 中国航天之父

长亭外，古道边，芳草碧连天；

晚风拂柳笛声残，夕阳山外山……

在浙江省杭州市马市街，有一个清净优雅的小弄堂——方谷园。

方谷园弄是一条中间铺着长方形的条石，两边有鹅卵石的窄小弄堂。两边都是粉墙黛瓦的小院子，一派清闲幽静、鸟语花香的气氛。

每到春天，各种小鸟在屋檐下、墙洞里、小树上筑窝。雏鸟叽叽喳喳，跳上跳下，争抢食物，一派生机勃勃。每到冬天，红叶婆娑，翠竹雪影，仍然生趣盎然。阴天或下雨时，烟雾朦胧，雨打芭蕉，偶尔传来一阵洞箫声。

方谷园住着杭州一些大富大贵或书香门第的人家。在方谷园 2 号住着一户钱姓人家。这里就是中国航天之父——钱学森的老家。

钱学森，1911 年 12 月 11 日出生于上海。1914 年，他的父亲到国民政府教育部工作，他也到了北京。1923 年，钱学森从北京高等师范学院附中毕业。1935 年 8 月，钱学森和堂弟钱永健获准以中国的庚子赔款公费到美国留学，后进入麻省理工学院航空系学习机械工程。一年后，他获得麻省理工学院理学硕士学位。

1936 年，在全球最顶尖的大学——加州理工学院，钱学森被弗兰克·马利纳的火箭所吸引。10 月起，他成为匈牙利裔科学家冯·卡门的学生，同学包括著名科学家、幻想家杰克·帕森斯。

在加州理工学院，他们成立了火箭研究小组，工作的危险性极大。有一次，火箭在实验中发生了爆炸，

❶ 钱学森：聪慧超群，成就非凡

从左到右：德国科学家
路德维格·普朗特、钱学森、
冯·卡门

爆炸力极大，将实验室炸毁。火箭小组因此赢得了
"敢死队"的绰号。

这期间，冯·卡门与钱学森提出了"卡门-钱学
森"方程。冯·卡门这样评价钱学森：他非常富有想
象力，具有数学天才的禀赋。

1944年，钱学森和两名加州理工学院火箭小组成
员起草了一个文件，第一次提出了喷气推进实验室的
名称。

第二次世界大战后期，为了保护德国科学家，美国制定了"回形针"行动。

冯·卡门担任美国空军顾问，少将军衔。钱学森以美国陆军上校身份加入
美国火箭调查团，参加"回形针"行动。他们都由美国陆军送往德国，考察德
国火箭、空气动力学研究进展。

1945年4月，美军第44步兵师进入德国，"回形针"行动的美国火箭调
查团随行；1945年5月2日，德国火箭专家布劳恩向美军投降。

钱学森调查、研究火箭设施，包括审问冯·布劳恩、鲁道夫·赫尔曼等著
名德国火箭科学家和闻名世界的德国科学家路德维格·普朗特。

十分有趣的是：普朗特是冯·卡门的博士导师，冯·卡门是钱学森的
博士导师。现在，一门三代在特殊的年代进行一场特殊的审问。

1949年，经加州理工学院古根海姆喷气推进实验室首任主任冯·卡门推
荐，钱学森接任古根海姆喷气推进中心主任。后来，古根海姆喷气推进中心演
变成世界上著名的美国宇航局喷气推进实验室。

1949年，钱学森申请成为美国公民，美国政府指控钱学森是一个共产党
员。1950年6月，美国政府对他进行安全检查，并取消其申请美国公民的资
格。1950年7月，美国政府决定：取消钱学森参加机密研究的资格。

这回，钱学森彻底蒙了：他研究的所有科学都属于航空科学、航天科学、
军事科学、国防科学，都属于尖端和机密研究。如果不让他继续研究，自己的
科研生涯就将断送。

钱学森做出了回国的决定。1950年8月，钱学森一家买好船票准备回国。
在登船前，钱学森被扣留，并没收了他800千克图书和笔记本等资料，后以涉

嫌偷运机密文件出美国被警方拘捕。最终证明，这些图书和笔记本是简单的技术文件和科学书籍。

美国政府将钱学森关押到纽约著名的长滩监狱。

在监禁时期，钱学森得到加州理工学院同事的声援，其中包括加州理工学院院长李·杜布里奇。杜布里奇飞往华盛顿，为钱学森申冤。

加州理工学院为钱学森委任了辩护律师格兰特·库珀。钱学森被关押15天后，交保金获释。库珀律师说："政府应该允许这个天才自由。这个科学天才应该留在美国。如果把他送给中国共产党，将是本（20）世纪的悲剧之一。"

钱学森发现自己无法继续他的职业生涯，并在两个星期内宣布：我要返回中国！美国没有同意他的请求，因为钱学森知道的秘密太多了。美国联邦调查局则认为：钱学森知道的秘密并不多，5年以后这些秘密就没有技术含量了。

当时，美国海军部长丹·金博尔曾试图将钱学森留在美国。他曾评论道："这是这个国家有史以来最愚蠢的事情之一，……而我们强迫他离去。"

钱学森第一次尝试离开美国，没有得到美国批准。他在后来的5年期间都处于软禁状态，住所和活动经常受到监视。

1955年4月4日，美国政府正式宣布撤销禁止中国留学生回国的命令，钱学森准备回国了。

1955年9月17日，钱学森一家搭乘从旧金山起航的"克里夫兰总统"号客轮，取道香港，于1955年10月8日回到广州。

当离开美国时，钱学森故意留下他的研究论文、图书和笔记本等资料，证明他不是美国共产党党员。

美国没有想到，1959年，钱学森成为一名中国共产党党员。

美国更没有想到：在钱学森的带领下，中国导弹、中国火箭、中国航天走向太空，走向世界。

回国后，钱学森为中国制定了导弹计划、火箭计划、航天计划的路线图和时间表。他为中国发展火箭、导弹、卫星和核武器奠定了基础，为中国的航天、军

钱学森一家在"克里夫兰总统"号客轮上

↑ 1966 年 10 月,钱学森(右一)和聂荣臻(右二)主持核导弹发射试验

↑ 钱学森工作严谨,思维活跃,功勋卓著

事科学化、国防现代化指明了方向。

钱学森的主要贡献有应用力学、物理力学、喷气推进、航天技术、工程控制、系统科学等,出版了《工程控制论》《气体动力学诸方程》等 10 多本专著。

钱学森为中国的科学技术、航天事业做出了极大的贡献,被誉为中国导弹之父、中国火箭之父、中国航天之父。

2009 年 10 月 31 日,传奇一生的钱学森在北京去世,享年 98 岁。

钱学森是中国科学院院士、中国工程院院士,荣获"两弹一星"功勋奖章、国家杰出贡献科学家称号、一级英模奖章等。中国紫金山天文台发现的第 3763 号小行星以钱学森的名字命名。

最令人们称道的是:钱学森一生跌宕起伏,但豁然大度。当遭遇困难、麻烦和挫折的时候,他坚忍不拔,勇往直前,谈笑风生,顶天立地。当获得荣誉、赞赏或居于高位的时候,他谦虚冷静,淡泊名利,一笑了之。

 # 1.6 太空神箭

钱学森为中国火箭、中国航天、中国国防科技指明了方向,制定了路线图和时间表。

好火箭,就要有个好名字。中国的运载火箭有一个好听、震撼且意义深远

| 长征-1 | 长征-2 | 长征-2C | 长征-3 | 长征-2E | 长征-3A | 长征-3B | 长征-3C | 长征-2F | 长征-5 | 长征-7 |

🔊 "长征"运载火箭家族

的名字——"长征"。

　　"长征"运载火箭不负众望，几十年来共计变化出 4 代 20 多种型号。"长征"火箭具备发射低、中、高不同地球轨道的能力。低地球轨道运载能力达到 14 吨，太阳同步轨道运载能力达到 15 吨，地球同步转移轨道运载能力达到 14 吨。"长征"火箭具备发射不同类型卫星、载人飞船、太空探测器和空间站的能力。截至 2020 年 8 月 23 日，"长征"火箭已发射 343 次，成功率达到 95.04%。

🔊 漂亮威猛的"长征-2F"火箭

➲ "长征-2F"运载火箭加速上升，直达太空

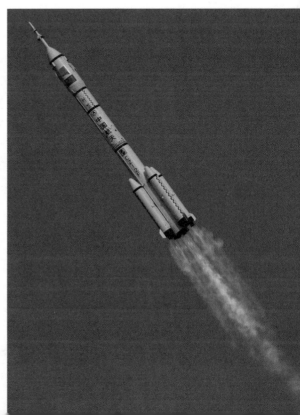

"长征"火箭不但将中国科技、中国力量发射进入太空，还将中国人民的复兴梦发射到太空。

在"长征"火箭中，最著名的是"长征-2F"运载火箭。它是发射载人飞船的运载火箭，属于二级捆绑式火箭。

"长征-2F"运载火箭高达 58.34 米，最大直径 3.35 米，起飞质量为 480 多吨。它近 20 层楼高，内部安装了 4 万多个元器件。火箭由芯一级火箭、芯二级火箭、4 枚火箭助推器、整流罩和逃逸塔等几个部分组成。

目前，"长征-2F"火箭发射了 11 艘"神舟"飞船、"天宫-1"号目标飞行器、"天宫-2"号太空实验室。它是中国运载火箭中安全性能最好、高度最高、推力最大的火箭。"长征-2F"火箭是成功率达 100% 的功勋火箭，号称"神箭"。

"长征-2F"运载火箭都在酒泉卫星发射基地发射。"长征-2F"火箭的发射塔高 107.5 米，质量约 2 700 吨。它庞大、庄重、婀娜多姿，是世界上最漂亮的发射塔，又是一件伟大艺术品！

世界航天未来的目标是：登陆月球、登陆火星、捕捉小行星、星际航行、太空旅游、太空探矿、太空电梯、太空移民、飞出太阳系、建造太空城、建造月球基地、建造火星基地和探测浩瀚宇宙。

这都需要重型火箭、超重型火箭。以前，中国没有重型火箭，但"长征-5"号重型火箭将中国运载火箭的等级提高了一大步。它高度 56.97 米，直插云霄；芯级火箭直径 5 米，仿佛中流砥柱；4 枚助推器直径 3.35 米，簇拥着芯级火箭；总宽度 17.3 米，发射质量 867 吨。

"长征-5"号身披白色和乳白色彩，高大威猛，屹立在天地之间；一幅巨型五星红旗印在整流罩上，让它更加神采飞扬，势不可挡，透露着自信的气质。

科学家将"长征-5"号火箭称为"胖五"，号称"飞天猛龙"，是中国最高和最新科技的结晶。

"胖五"是中国新一代无毒、无污染、高性能、低成本和大推力的重型运载火箭。它采用大直径结构、

"长征-5"号重型火箭

大推力发动机等先进技术，大大提高了运载能力。

"胖五"共 6 种型号，主要用于发射空间站、载人飞船、太空望远镜、月球探测器、太空探测器、重型卫星等重大型航天器，有时也用于多星发射等。

2016 年 11 月 3 日，"长征-5E"火箭在文昌航天发射场首飞，开启了新的太空长征。

现在，一个可爱的小弟弟来了——"长征-7"号闪亮登场。它遗传了"长征-2F"火箭的优良基因，流淌着高新科技、最高安全性和可靠性的血液。

"长征-7"号是中国新一代液体燃料运载火箭，高度 53.1 米，芯级火箭直径 3.35 米，捆绑 4 个直径 2.25 米的助推器，起飞质量 597 吨。

"长征-7"号的运载能力很强，近地轨道 13.5 吨、太阳同步轨道 5.5 吨，达到国外同类火箭先进水平。

"长征-7"号火箭挺拔、雄伟、矫健。它顶天立地、昂首远眺，一副气势磅礴、激情四射的高贵神态，开启了光荣与梦想的征途。

"长征-7"号主要发射 20 吨级的"天舟"号货运飞船等重型航天器。它可在文昌、酒泉、西昌、太原卫星发射基地发射。

🚀 "长征-7"号运载火箭

🚀 "长征-7"号发射"天舟-1"号货运飞船

2016 年 6 月 25 日，"长征-7"号在海南文昌航天发射场首次发射成功，并于 2017 年 4 月 20 日将中国第一艘货运飞船——"天舟-1"号送入太空。

"长征-7"号火箭远征太空，号称"神行太保"。它将成为中国主力运载火箭，承担 80% 左右的发射任务，任务艰巨而光荣。

芯级火箭

各种运载火箭几乎都是多级火箭，分为二级、三级或四级。

多级火箭各级之间的联接方式分为：串联、并联和串并联等。

串联火箭，几枚单级火箭从下到上串联在一起。

逃逸塔

飞船与
整流罩

芯三级

芯二级

芯一级

芯级火箭

助推器

"联盟-FG"火箭

芯级火箭

芯级火箭在火箭中的位置

"联盟-FG"火箭

并联火箭，一枚较大的单级
火箭放在中间，周围分布多枚较
小的火箭助推器。

串并联火箭，一枚较大的多
级火箭放在中间，周围分布多枚
较小的火箭助推器。

这枚在中间的大火箭，位于
火箭的中心，所以称为芯级火箭。

芯级火箭可以是单级火箭，
也可以是多级火箭。

如果芯级火箭是多级火箭，
就从下到上分为：芯一级、芯二
级、芯三级等。

助推器

各种运载火箭几乎都是多级火箭，分为二级、三级或四级。

一枚火箭再大再重，推力也有限。如果给火箭的周围安装几枚小火箭，
就可增加火箭的力量，让火箭运载能力更大，飞得更高。

这种分布在芯级火箭周围的小火箭，称为助推火箭、火箭助推器，简称
助推器。

助推器一般数量为2~6枚，最多的可达到9枚。

火箭助推器在火箭发射后不久就分离，火箭继续
前进

美国"德尔塔-2"火
箭有9枚助推器

第**2**章
神奇的卫星
>>>

一个"大傻瓜"点石成金，发射了人类第一颗卫星，开创了人类的太空时代。一群傻子犯了一个愚不可及的错误，竟将世界第一拱手相让。怎样在血雨腥风中杀出一条血路，让卫星在太空唱歌？科学，在正确与错误的道路上前进。

 # 2.1 最简单的卫星

在苏联莫斯科的郊区，有个苏联国防部第 4 科学研究所。它是苏联最敏感的太空科学研究机构，一个专门研制航天器、太空武器、太空核武器和太空军事战略的部门。20 世纪 50 年代，第 4 科学研究所所长吉洪拉沃夫在这里秘密研制了"P-7"洲际导弹发动机。同时，他也正在悄悄研制世界上第一颗人造卫星。

1954 年 5 月 27 日，科罗廖夫向苏联国防部导弹装备部部长、后来担任苏联国防部部长的乌斯季诺夫元帅提出一个秘密报告："苏联必须发展人造卫星计划，不然就会死得很难看。"他附上了吉洪拉沃夫的研究成果。这是几种质量 300~1 000 多千克的卫星设计图。

科罗廖夫在《关于人造地球卫星报告》中写道："苏联研制第一颗人造地球卫星，是人类走向宇宙道路上的重要一步。"乌斯季诺夫向苏联政府推荐了吉洪拉沃夫的可行性报告，并获得苏联领导人的重视。

吉洪拉沃夫高瞻远瞩地认为：人造卫星将是掌握无地域限制的全球快速通信的唯一途径，也是火箭技术更进一步发展的必由之路。苏联占领了太空，才能称雄世界，独霸天下。

1954 年 10 月 4 日，国际地球物理年特别委员会在意大利的罗马召开会议。这次会议将 1957 年 7 月 1 日—1958 年 12 月 31 日定为国际地球物理年，并建议有关国家在此期间发射人造卫星。

那是一个理想澎湃、激情燃烧的年代。

苏联首先响应这一振奋人心的号召，立刻发布新闻公告：苏联将在地球轨道上部署卫星。1955年1月，莫斯科宣布：苏联将发射一颗人造卫星。

人造卫星

科学家将星球主要分为恒星、行星和卫星。

恒星：都是气态星球，发热、发光，环绕星系运行。比如太阳，环绕银河系运行。

行星：有的是固态星球，有的是气态星球。它们不发热，也不发光，但反射光，环绕恒星运行，比如地球、金星、水星、火星、天王星、海王星等，环绕太阳运行。

卫星：都是固态星球，不发热，也不发光，但反射光，环绕行星运行，比如月球、"火卫-1""土卫-6"，分别绕地球、火星、土星运行。

科学家将人工制造的天体称为人造卫星，环绕行星运行。科学家也将环绕地球运行的人造地球卫星，简称人造卫星。

人造卫星主要分为两大类：军事卫星和民用卫星。

人造卫星是种类最多的航天器，主要分类千变万化，多达几百种，而且会越来越多。

人类制造的地球卫星——人造卫星

人造卫星在太空飞行

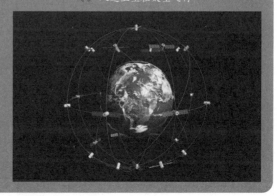

人造卫星环绕地球运行

最大的人造卫星星体长近 20 米，大天线达150 多米；质量最大的人造卫星 100 吨，最小的只有一张邮票大小。人造卫星的寿命以设计寿命和实际工作寿命来衡量。目前，设计寿命最长的达 18 年，实际寿命最短的只有几天。

太空望远镜

通信卫星

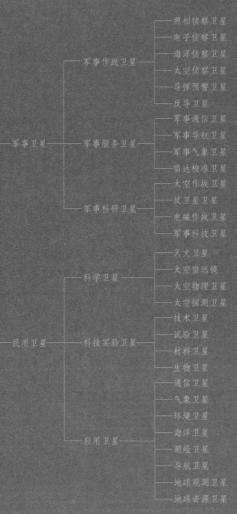

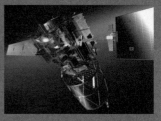

气象卫星

试验卫星

导航卫星

美国也不甘落后。1955 年 7 月 29 日，美国总统艾森豪威尔宣布美国将发射第一颗人造卫星。

当时，在哥本哈根举行的第 6 届国际宇航联合会大会上，苏联科学院院士谢多夫说：苏联将在 1957 年推出自己的卫星。它将比美国计划的任何卫星都大。它到底有多大呢？谢多夫笑了："上天了，就知道！"

1956 年 1 月 30 日，苏联部长会议通过一项决议：苏联将建造一颗 1 000~1 400 千克的卫星，其中科学设备 200~300 千克。卫星定于 1957 年发射。

苏联成立了太空计划委员会，掌管太空计划。世界上第一个庞大的太空计划开始了。吉洪拉沃夫和科罗廖夫分别被委任为卫星首席设计师和火箭首席设计师。

科罗廖夫表示："苏联卫星要比美国的体积大、分量重，而且更先进。我们要在太空击败美国。"

吉洪拉沃夫领导了一个研制卫星的 7 人小组。科研人员个个都是苏联的顶尖专家。

1957 年初，苏联间谍报告：美国即将发射世界上第一颗人造地球卫星。

苏联人急了！这怎么行？当时，苏联领导人赫鲁晓夫没有太空时代的概念，但知道卫星比核武器和核潜艇重要多了。

然而，苏联政府迟迟不批准卫星计划，理由是：苏联的火箭推力太小，还没有一种能发射质量很大卫星的大火箭。卫星发射的事，再等一等。

在科学会议上，火箭总设计师科罗廖夫指出：卫星质量太大，火箭的推力不够，成功的可能性很小。如果卫星发射失败，苏联将颜面扫地，甚至败于美国。如果研制新火箭就会延迟发射，就会被美国击败！因此提议：苏联尽快研制大火箭，尽快发射卫星。

一天，吉洪拉沃夫突然提出了一个设想——"最简单的卫星"："如果我们把卫星的体积造得更小一点儿、质量更轻一点儿、科学仪器更少一点儿……200千克，100 千克左右，甚至更轻。"

科罗廖夫恍然大悟："是啊！如果卫星轻一点儿，

苏联卫星之父——吉洪拉沃夫

⬆ 卫星在太空飞行，朝上看可以发现宇宙的秘密，朝下看可以发现地球的秘密

➡ 卫星"长"着眼睛、耳朵、鼻子和嘴巴，能告诉人类很多秘密

我的火箭就能发射啦！"

吉洪拉沃夫轻轻地说："苏联的目标是发射世界上第一颗卫星。咱们是比第一，而不是比大小、轻重和先进性。第一比大小、轻重和先进更重要！咱们要造一颗最简单的卫星，第一个飞上天！第一，就是胜利！"

科学的一项功能就是复杂问题简单化。吉洪拉沃夫是一位科学家，却更像一位具有远见的政治家、哲学家，非常有战略头脑。他的思维是开创性的，一个好主意，能点石成金。

"最简单的卫星"的设想十分聪明，得到所有人的支持。苏联政府很快批准了这个计划。吉洪拉沃夫知道："最简单的卫星"将开创太空时代。

1957 年 6 月 24 日，经过苏联科学家和工程师们夜以继日的工作，代号为"PS–1"的第一颗人造卫星研制完成。

卫星的许多仪器和功能都去掉了。3个月，一颗"最简单的卫星"诞生了，命名为"斯普特尼克–1"号，又名"卫星–1"号。

"卫星–1"号真的最简单：一个亮闪闪的球体，直径58.5厘米，质量83.6千克，设计寿命3个月。

"卫星–1"号由壳体、仪器设备和天线组成，内装化学电池、无线电信号发射器和温度调节系统。最简单，其实并不简单。

1947年9月17日，吉洪拉沃夫和科罗廖夫参加了苏联宇航先驱齐奥尔科夫斯基诞辰90周年的纪念活动。他俩曾发誓：苏联必须第一个发射卫星。现在，第一颗卫星即将发射，两人又来到齐奥尔科夫斯基半身像前，吉洪拉沃夫露出了腼腆而罕见的微笑。

"卫星–1"号发射前，吉洪拉沃夫几天几夜陪伴在卫星和发射台旁边，监督所有的准备工作。他说："它是一颗卫星，我赋予了它生命和灵魂。我要让它成为世界第一，为苏联争光，名扬天下！"

吉洪拉沃夫和科罗廖夫知道：世界上第一颗卫星就要在自己的手里放飞。这是史无前例的创举。他们对自己最大的成就感到高兴。

为了发射卫星，苏联集中200多家科研机构、设

人类第一颗人造卫星——"卫星–1"号

卫星专家测试"卫星–1"号的信号

卫星专家组装"卫星–1"号

计局和工厂，25 个部委和部门参加了研制火箭的庞大工程。

苏联将所有关于火箭和卫星的事情，都列为最高机密，并成立了专门的战略火箭军，负责卫星发射。

为了监测卫星轨道和发送控制指令，苏联沿着卫星的飞行轨迹在沿途的拜科努尔、马卡特等地建了 15 座地面观测站。后来，这些观测站有的成为苏联的飞行控制中心，一直在用。

1957 年 10 月 2 日，为了向十月革命 40 周年献礼，也为了抢先发射第一颗卫星，苏联政府做出了历史性决定：10 月 4 日发射人类第一颗人造地球卫星。

这时，从无笑脸的吉洪拉沃夫终于哈哈大笑。他比谁都清楚："卫星-1"号将开启太空新纪元，无比重要！地球 45 亿多年来只有一颗卫星——月亮。它很快将拥有另一个"人造月亮"。

10、9、8、7、6、5、4、3、2、1，点火！

1957 年 10 月 4 日晚上，吉洪拉沃夫的"最简单的卫星"、世界上第一颗人造卫星——"卫星-1"号发射成功。

🔎 "卫星-1"飞向太空，地球终于有了"第二个月亮"

卫星运行在近地点 228 千米，远地点 947 千米，轨道倾角 65°，轨道周期 95 分钟，飞行速度 29 000 千米/时的轨道上。"卫星-1"号在轨运行 92 天，环绕地球 1 440 圈，于 1958 年 1 月 4 日坠毁。

尽管"卫星-1"号其貌不扬，只是发出"嘟、嘟、嘟"的信号声，但却宣告人类进入了太空时代。"卫星-1"号在太空，飞越亚洲、太平洋、欧洲、大西洋、美洲，一圈又一圈……

"卫星-1"号执行两大任务：政治任务和科学任务。

政治任务："卫星-1"号第一个飞上太空，使苏联在太空、科技、战略和政治上都击败了美国，取得太空竞赛的第一个胜利。

科学任务：它研究了地球大气层，确定了大气层外层的密度，研究了电离层中的无线电波分布，并利用氮气加压体为地球提供了第一个流星探测程序。

近地点与远地点

卫星等航天器在太空沿着一定的轨道飞行。有的飞行轨道是圆形的，有的飞行轨道是椭圆形的。

圆形轨道距离地球的高度是一样的。

椭圆形轨道距离地球的高度是不一样的。所以，就有了近地点和远地点。

近地点：距离地球最近的地点；远地点：距离地球最远的地点。

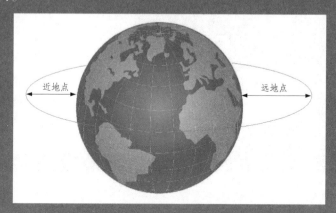

轨道倾角

卫星等航天器在太空飞行的轨道各不相同，角度也不同。

有的卫星环绕地球的纬度飞行，也就是沿着西东方向横向飞行。

有的卫星环绕地球的经度飞行，也就是沿着南北极方向垂直飞行。

有的卫星环绕地球的东南到西北方向飞行，有的卫星环绕地球的西南到东北方向飞行。

为了测量和控制卫星飞行，就将卫星飞行的角度称为轨道倾角。

科学家以地球赤道的平面为标准，作为0°；将卫星轨道的平面作为卫星轨道面。

轨道倾角是指地球赤道面与卫星轨道面之间的夹角，数据随机。

轨道周期

卫星等航天器在太空飞行的高度各自不同，环绕地球飞行一周的时间也不同。

卫星在太空运行的高度越低，环绕地球飞行的时间越短。

卫星在太空飞行的高度越高，环绕地球飞行的时间越长。

卫星在太空环绕地球一圈的飞行的时间，称为轨道周期。

低轨道，时间短

卫星运行方向

高轨道，时间长

卫星运行方向

"卫星-1"号开创了人类的太空时代，具有伟大的里程碑意义。苏联抢到了人类发射第一颗卫星的桂冠和荣耀。这不但是苏联的胜利，也是科学的胜利、人类的胜利。

在庆功宴上，科学家们喝酒、狂欢，科罗廖夫和吉洪拉沃夫也开怀痛饮。

1957年12月21日，苏联最高苏维埃主席团授予62位科学家劳动勋章；吉洪拉沃夫、科罗廖夫等共8位专家获列宁奖章。

赫鲁晓夫把吉洪拉沃夫等宇航专家当成宝贝，保护了起来，让他们隐姓埋名，不让他们公开露面。

第一颗人造地球卫星发射成功后，瑞典科学院认为卫星设计者贡献巨大，应该获得诺贝尔奖，于是询问谁是第一颗卫星的设计者。

苏联领导人赫鲁晓夫豪迈地回答：全体苏联人民！

小卫星，大影响！世界各国的报纸、电台和电视台等媒体都争相报道"卫星-1"号："轰动本世纪的新闻""科技新纪元""苏联又领先了""苏联打开了通往宇宙的道路""太空绣球"等醒目标题成为各国报刊的头版头条。"划时代的创举""历史性的突破""人类的进步"等赞美之词不胜枚举。中国《人

吉洪拉沃夫深邃的眼睛里透露着勇气、智慧和远见。隐姓埋名不要紧，只要实现理想

赫鲁晓夫把"卫星-1"号备份星搬进克里姆林宫的办公室

民日报》发表了题为《为苏联的伟大科学成就欢呼》的社论。

当年，美国国务卿杜勒斯不解地问美国报刊和电影大王、电影《公民凯恩》的主人公原型——威廉·赫斯特："为什么人们围绕这个'铁块'大作文章？"

赫斯特意味深长地回答："这个'铁块'将让人类社会进步几个世纪。"

"卫星-1"号具有10大重要意义，影响深远。

1. 促成苏联、美国冷战和太空争霸；

2. 提高国家声誉和威望，激发民族自豪感；

3. 增强国防和军事力量，赢得太空竞赛；

4. 促进科学和教育事业；

5. 标志人类进入太空时代；

6. 太空飞行梦想成真；

7. 探测和了解了地球，人类在太空拥有了"话语权"；

8. 人类开始探索神秘太空和宇宙，引发太空大发现；

9. 地球变小，科技全球化，造福全人类；

10. 为人类登陆月球、太空探索，铺平了道路。

2.2 一颗老鼠屎

傲慢与偏见妨碍科学进步。

当苏联抢先发射了世界上第一颗卫星的消息传遍美国,美国简直就像遭遇了一场太空"珍珠港"事件。老百姓感到失望和气愤,痛骂美国政府无能。

美国媒体发挥故弄玄虚的本领:同胞们,苏联发射了第一颗卫星,不久的将来就会发射装载核炸弹的卫星。美国将变成一片废墟。

"这纯属科学骗局……"美国国防部部长查尔斯·威尔逊极力想稳住人们的情绪,"这是不可能的事,所以不必担心!"

这一切让美国政府后悔不已。其实,早在1945年,导弹与火箭专家冯·布劳恩等科学家就致力于卫星发射研究。几年以后,美国陆军、海军和美国火箭协会等都积极研究火箭和卫星,但他们各自为战,闭门造车。

当时,美国一大批优秀的科学家和工程师,在火箭、电子、空气动力等领域都取得了世界上最先进的技术成果,第一个发射人造卫星是十拿九稳的事。1955年7月,美国总统艾森豪威尔也做出了发射卫星的决定,但他们还是落在了苏联人后面。

在第一颗卫星计划上,美国人犯了三大错误。

第一,轻视苏联。美国对苏联发射卫星的秘密不屑一顾,不相信科技水平远不如己的对手会有所作为。当时,不仅公众不当回事,政府官员也满不在乎。

一次,火箭专家冯·布劳恩和美国陆军部的加文将军一起参会,介绍了苏联的洲际导弹和火箭发射能力。一位议员听了却说:"你们两个一定精神失常了。我刚从苏联回来。我看到苏联街道上的汽车都很少很旧很慢。凭这水平,苏联不可能发射火箭和卫星。"

第二，决策失误。1954 年，美国国防部决定由陆军负责研制运载火箭，海军负责研制卫星。1955 年，美国国防部规定：陆军负责研制中程导弹，空军负责研制洲际导弹，而发射卫星由海军负责。

　　这造成了火箭专家各行其是的不利局面。冯·布劳恩抱怨："我是个厨师，却让我烧火；而让买菜的去当厨师。"

美国的宣传画：美国人对自己非常自信

　　第三，外行领导内行。美国国防部和华盛顿的一些将军，对航天科技根本不懂。他们逻辑混乱，词不达意，甚至常常搞错航天器定义。当时美国国防部部长根本不懂洲际导弹、运载火箭和人造卫星，更不知道发射第一颗卫星的伟大意义。

　　最可悲的是：将军们不懂装懂，发号施令，还经常朝令夕改。

　　一颗老鼠屎，会坏了一锅粥。

　　1955 年 9 月 9 日，美国国防部批准了海军的"先锋"号卫星计划。

　　当时，冯·布劳恩担任美国陆军弹道导弹局研发部主任。他在美国陆军红石兵工厂研制弹道导弹和运载火箭，已经取得了巨大成果。

　　1956 年 9 月 20 日，一枚导弹将一颗约 40 千克的假卫星，发射到 1 094 千米的高度，成功地进行了一次发射卫星的"彩排"。

　　一天，国防部派来几名将军到红石兵工厂。他们告诉冯·布劳恩：请你将有关发射卫星的工作彻底忘掉！

　　布劳恩问："为什么？"

　　一位将军说："国防部早就批准了海军的卫星计划。你们别瞎折腾了，劳民伤财。"

红石兵工厂总部——美国弹道导弹、运载火箭的发源地

改变世界的航天计划丛书

🚀 红石兵工厂司令梅达里斯少将

🚀 红石兵工厂司令梅达里斯少将（左）、副司令霍尔格·托弗托伊(右)、布劳恩(中)在红石兵工厂

在美国卫星距离太空大门只差一步的关键时候，国防部却把它打入了"冷宫"。

美国喷气推进实验室主任皮克林遗憾地对布劳恩说："他们是一群傻子，一颗老鼠屎，犯了一个愚不可及的错误。"

为什么不让火箭专家布劳恩的火箭发射卫星？为什么让玩游泳的美国海军的火箭发射卫星？

一次，陆军弹道导弹局局长、红石兵工厂司令约翰·梅达里斯少将悄悄告诉布劳恩："你是德国人。你还是希特勒的火箭专家。那帮傻瓜不愿意将第一个发射卫星的桂冠戴在一个德国人的头上。明白了吗？"

布劳恩非常生气,胡子都翘了起来!

一个美国原本唾手可得的"头彩"，被苏联捷足先登抢走了。在首轮太空竞赛中，美国不想失败也得失败。

当听到苏联人成功地发射了第一颗人造卫星的消息，美国总统艾森豪威尔并不感到惊讶。

1956 年，他就获得了由洛克希德制造的 "U-2" 高空侦察机拍摄的苏联拜科努尔导弹发射基地的照片。照片中，发射架高高耸立……

布劳恩更是捶胸顿足。他对美国国防部部长查尔斯·威尔逊说："我们的架子上就有火箭。请看在上帝的分上，放手让我们干吧! 我们能在 60 天内发射一颗卫星。你只要给我们开绿灯，……我向上帝保证，60 天就行! "

梅达里斯少将了解美国喷气推进实验室，那里将需要更多的时间来准备发射卫星。他对布劳恩说："不，沃纳，我给你 90 天时间! "

40

红石兵工厂里的弹道导弹　　　　　　　　　"木星"弹道导弹

冯·布劳恩对自己的火箭很有把握。因为他一直没有忘掉发射卫星的工作，还在努力研究。这无疑是美国的一大幸事。

当时，梅达里斯少将负责陆军弹道导弹局和喷气推进实验室，他手下有三员得力干将——

沃纳·冯·布劳恩，美国陆军弹道导弹局导弹专家。在佛罗里达州麦迪逊县亨茨维尔的红石兵工厂，他研制"木星–C"火箭发动机和第一级火箭。

威廉·皮克林，加州理工学院喷气推进实验室主任，负责设计制造"探险者–1"号卫星。

詹姆斯·范·艾伦，艾奥瓦州大学物理学、天文学教授和主任。在艾奥瓦州大学设计制造卫星携带的科学仪器，包括精密的盖革计数器。

在布劳恩发射美国第一颗卫星的计划中，梅达里斯少将起到了举足轻重的作用。他还是打算给"先锋"号一切可能的机会，直到最后一分钟。

梅达里斯少将对布劳恩说："如果出现某种奇迹，他们真的发射成功了，你们就把那些火箭放回架子上去。"

布劳恩的"木星"号火箭再次把发射美国第一颗卫星的机会让给了海军的"先锋"号火箭。

梅达里斯少将、马歇尔航天飞行中心主任沃尔特·霍伊瑟曼、冯·布劳恩、陆军洲际导弹局高级研究项目部主任恩斯特·史都林格，在红石兵工厂研究卫星

2.3 迟到的探险者

"先锋"号火箭是美国海军发展的一种三级火箭。火箭全长 21.95 米，最大直径 1.14 米。它的推力很小，第一级火箭的推力仅为苏联"卫星"号火箭的 30%。最要命的是，它的第一级火箭直到发射前一个星期才进行了一次试验飞行，而第二级火箭却没进行过一次飞行试验。这种情况注定了它的悲剧性结局。

1957 年 12 月 6 日，"先锋"号火箭矗立在卡纳维拉尔角空军基地的 18A 号发射台上。它准备发射美国第一颗试验性人造卫星——"先锋"号。

"先锋"号卫星是一个圆形铝球，看上去像个大皮球。质量约 1.36 千克，直径 15.2 厘米，6 根短短的天线。它安装有发射机、电池和 6 片太阳能电池。发射机主要用于通信和跟踪数据。

苏联《红星报》讽刺道：这个东西太小了，不知道飞到天上去干什么。苏联领导人赫鲁晓夫在大洋彼岸一面喝着伏特加，一面嘲笑。他为这颗即将飞天的卫星取了一个形象的名字

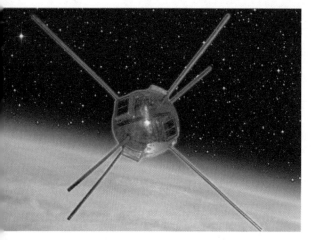

🔊 这个有 6 根天线的"柚子"就是"先锋"号卫星

🔊 "先锋"号卫星装入火箭

"先锋"号火箭爆炸

——"柚子"。

尽管"柚子"受尽嘲讽，但仍然是美国人的宝贝。

这天，美国的政府官员和老百姓云集现场观看。大批记者前来采访报道。电视台还对发射进行了现场直播。

11 时 44 分 55 秒，"先锋"号火箭点火发射。发动机开始发出撕裂人心的声音。火箭抖动了一下，冰和雪从旁边掉了下来。发动机吼声慢慢地越来越响亮。火箭有些迟疑地挣脱开固定的铁架，缓缓地上升。

大家都踮着脚尖站了起来。这时，有人叫道："小心！天啊！不要！"原来，火箭起飞一秒钟后，离开地面还不到 2 米时，发动机的推力就开始下降。眨眼间，发动机就一头栽倒在发射台上，爆炸了。这景象看上去就像地狱之门打开了……

"先锋"号火箭慢慢地倾倒、爆炸，带着巨大的吼声击中了试验防护装置和地面设施。在掩体约 60 厘米厚的钢筋混凝土墙后，人们都能听到火箭的吼声。随着火箭的爆炸，火箭横摔到地面上。卫星落在了离发射台不远的地方，还孤独地发出吱吱声。

3 分钟后，这里好像什么也没有发生一样。

"先锋"号是世界航天史、卫星发射史上第一次失败。星箭爆炸的情景通过电视传遍了全世界。

美国老百姓骂道："你们花了那么多钱，净干蠢事！"

当时，正在地中海边开会的赫鲁晓夫自然没放过嘲笑"柚子"的机会："柚子"上有一条虫。

在联合国大会上，苏联代表向美国代表表示：苏联愿意向落后国家提供技术援助，美国是否愿意接受援助？

在"先锋"号失败后，美国政府再也无话可说了，只好批准布劳恩用新火箭——"朱诺-1"号火箭发射"探险者-1"号卫星。

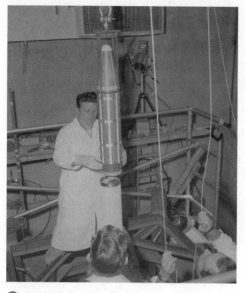

美国喷气推进实验室卫星专家将"探险者-1"号卫星装入火箭

"朱诺-1"号火箭发射

"探险者-1"号卫星美其名曰"钻天豹"，采用自旋稳定方式，环绕旋转，每分钟转速750圈。"探险者-1"号卫星十分简单，就是一枚4级火箭，在头部安装一些科学仪器，包括宇宙射线探测仪、温度敏感器以及微流星撞击探测器等。卫星的中部安装了4根鞭状天线，用于卫星通信。卫星的后部就是火箭。卫星的外壳是磨砂不锈钢，看着比较优雅。

"探险者-1"号卫星

火箭突破卡门线，进入太空

1958年1月31日，"朱诺-1"号火箭载着"探险者-1"号卫星，从佛罗里达州卡纳维拉尔角空军基地起飞。

"探险者-1"号卫星是在加州理工学院喷气推进实验室主任威廉·皮克林教授的指导下设计和建造的。"探险者-1"号卫星身材苗条，体态轻盈，细长圆柱形结构，长度2.05米，直径15.2厘米，质量13.97千克（苏联"卫星-1"号卫星83.6千克），其中科学仪器8.3千克。

当时，美国总统艾森豪威尔正在佐治亚州的奥古斯塔度假，装作轻松地与朋友打牌，心里其实很紧张。

火箭晃晃悠悠地飞向太空。火箭专家布劳恩看着火箭消失在蓝天，心里还是忐忑不安，紧张到了极点。他觉得从火箭点火到卫星入轨的 8 分钟真是比 8 年还长。

陆军部长布鲁克问道："怎么知道卫星是否发射成功呢？"

布劳恩告诉他："如果卫星进入轨道，它将在 106 分钟后飞掠加利福尼亚海岸上空。12 时 41 分钟时，位于圣迭戈的接收站可以收听到卫星信号。"

时间一分一分地过去，就差 1 分钟了。

"探险者-1"号卫星是皮克林博士的杰作和心血结晶。他忐忑地打电话问："圣迭戈接收站吗？听到信号了吗？"

圣迭戈接收站回答："没有！博士！"

12 时 41 分钟时，皮克林又问："听到没有？"回答还是没有。

一分钟过去了，两分钟过去了……皮克林有些坐不住了："现在听到了没？"

"没有，什么也没有听到！"

"怎么搞的？"皮克林对着话筒发火，气得对着一张椅子猛踢一脚，"你究竟为什么听不到呢？笨蛋！"

陆军部长布鲁克也沉不住气了。他问布劳恩："沃纳，这是怎么回事？"

将军们也纷纷问：卫星确实飞上天了吗？卫星是不是飞到别的地方去了？为什么卫星没有应答？到底是怎么回事呢？

布劳恩也说不清楚，刚想说："卫星可能丢了。"突然，皮克林高声喊道："听到了！听到了！沃纳，他们听到了！"

布劳恩看了看手表和墙上的钟，摇摇头说："迟了 8 分钟，真有意思！"

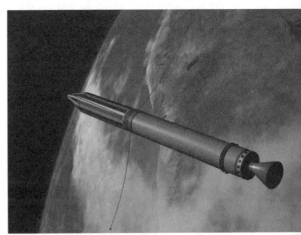

🎧 "探险者-1"号飞入太空

🎧 这群女性用手工计算出了卫星飞行轨道

"探险者–1"号发射成功后，三位研制卫星的关键人员：布劳恩、皮克林和范·艾伦博士，豪情万丈地举起一个全尺寸的备用卫星，祝贺美国第一颗卫星发射成功，祝贺美国进入太空时代。

↑ 从左至右：皮克林、范·艾作和布劳恩

为什么"探险者–1"号卫星收到信号迟了8分钟？布劳恩调查后认为：火箭发射后，飞行的角度太直了，也可能速度太快了。卫星的远地点进入更高的轨道，卫星环绕地球的圈子太大了，飞行时间就长了，所以迟了。

"探险者–1"号飞入近地点358千米，远地点 2 550 千米，轨道倾角33.24°，轨道周期114.8分钟的轨道。"探险者–1"号飞入了太空，飞出了成功，也飞进了历史。

在奥古斯塔度假区，一个将军轻轻走到艾森豪威尔总统身旁，俯下身嘟囔了几句话。总统脸上立刻露出一丝笑容，对其他人说了声"对不起"，就仿佛踩着弹簧一样地离开桥牌桌，来到早就准备好的话筒前。

艾森豪威尔清了清嗓子，对着话筒宣布："同胞们，我的朋友们，告诉大家一个好消息：美国成功地将一颗地球科学卫星送入地球轨道！美国进入太空时代！这是美国的胜利，也是人类的胜利！"

2.4 中国卫星之父

中国也要发射卫星了！

当年，钱学森刚刚回到中国，就提出重大国家战略：中国必须马上培养自己的科技人才，研发核武器、洲际导弹和人造卫星，加强军事和国防实力。聂荣臻元帅负责国防工业，特别支持并大力推动国家重大战略计划。

1958 年 5 月 17 日，毛泽东在中国共产党第八次全国代表大会第二次会议上指出："苏联人造卫星上天，我们也要搞人造卫星。我们也要搞一点，要搞就搞得大一点。"

1964 年 6 月 29 日，中国自行研制的第一枚弹道导弹——"东风-2"号发射成功。这为中国发射卫星打下了基础。

1965 年 1 月，钱学森正式提出：中国的弹道导弹有能力发射卫星了。中国应该尽快建造第一颗人造卫星。

⬆ "东方红-1"号卫星内部

1965 年 7 月，周恩来总理批准了中国科学院设计的第一颗人造卫星方案，并将研制人造卫星列为国家尖端技术和战略武器的一项重大而绝密的任务。

一项庞大的秘密工程开始了！国防科委负责组织、管理和协调整个卫星工程。

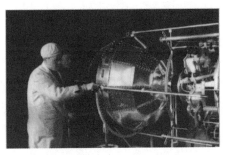

⬆ "东方红-1"号卫星测试

中国科学院负责卫星星体和地面检测系统，第七机械工业部负责运载火箭，国防科委试验基地负责建设卫星发射场。

因为钱学森在 1965 年 1 月提出建造卫星的计划，所以这个人造卫星工程秘密代号为"651"计划，卫星也称为"651"号卫星。

1965 年 9 月，中国科学院开始组建科学仪器设计院，秘密代号"651"卫星设计院，赵九章任院长。这时，中国第一颗卫星悄悄命名为"东方红-1"号。

中央确定："东方红-1"号卫星不小于 173 千克，设计寿命 20 天。中国运载火箭技术研究院负责研制"长征-1"号运载火箭。钱学森为首任院长的中国空间技术研究院研制"东方红-1"号卫星。

党中央对"东方红-1"号卫星有五个要求：上得去、抓得住、测得准、看得见、听得到。

"上得去"就是要保证卫星飞上天；"抓得住"就是卫星上天以后地面设备

能对卫星实施测控；"看得见"就是卫星在轨飞行时能让地面上的人用肉眼直接看得见；"测得准"就是对工程参数和空间环境能准确测量；"听得到"就是卫星要播送音乐，地面能够接收和听到，以便鼓舞人心。

另外，中国第一颗人造卫星必须会唱歌——发送《东方红》乐曲。卫星会唱歌，这是一个非常好的主意。这可以让全世界人民都能听到中国卫星的声音。

谁来当"东方红-1"号卫星的总设计师呢？

1967年，在一次科学家会议上，坐着许多满腹经纶、才高八斗，可以独当一面的老科学家。

谁也想不到，钱学森亲自点将，任命孙家栋担任中国第一颗人造卫星——"东方红-1"号的总设计师。

孙家栋，一个30多岁的年轻人，担任卫星的总设计师。他行吗？

事实证明，钱学森慧眼识珠——孙家栋胆大心细、智慧超群、才华横溢、年富力强，具有战略思想和战术谋略，确实能在血雨腥风中杀出一条血路。

1929年4月，孙家栋出生于辽宁省瓦房店复县的一户富贵之家，1948年考入哈尔滨工业大学预科。

此后，孙家栋跨越了人生三大步：从飞机到导弹，从导弹到卫星，从地球到月球。

从飞机到导弹。1951年，孙家栋被中国空军选派到苏联莫斯科茹科夫斯基空军工程学院，学习飞机设计、维修和管理。1958年，他毕业并获得斯大林金质奖章，回国后被分配到国防部第5研究院第1分院从事导弹设计工作。

从导弹到卫星。1967年，孙家栋担任卫星总设计师。在"文化大革命"中，孙家栋因为成分问题，竟被赶下了台，不能参加研制卫星的任务。孙家栋回忆道："当卫星出现问题的时候，我只能在屋子的外面说，里面的工人做试验。"孙家栋心里只有祖国和信仰，绝不会因为困难和麻烦而后退。

从地球到月球。2003年，孙家栋任中国探月工程总设计师。2007年10月24日，在西昌卫星发射中心，中国成功发射第一个月球探测器——"嫦娥-1"

号。中国开启深空探测的新里程。

孙家栋成为中国航天最优秀的科学家、设计师和战略家。

2009 年 4 月 15 日，西昌卫星发射中心发射"北斗"导航定位卫星，又一次获得圆满成功。这是中国自主研制发射的第 100 个航天飞行器。在这 100 个航天器中，孙家栋担任技术负责人、总设计师或工程总师的就有 34 颗，占整个中国航天器的三分之一。

孙家栋是中国第一枚导弹、第一颗人造地球卫星、第一颗遥感探测卫星、第一颗返回式卫星的技术负责人、

🔊 "东方红-1"号卫星总设计师、中国卫星之父、两弹一星元勋——孙家栋

总设计师。他为中国强大的国防和军事建设，贡献巨大。

同时，孙家栋是中国通信卫星、气象卫星、资源卫星、导航卫星等卫星的总设计师。他为中国的航天事业及国民经济，也做出了巨大的贡献。

孙家栋还是中国探月工程的总设计师。他提出了 2020 年前中国月球探测工程分三个阶段的实施方案，指明了中国月球探测的方向、目标、时间表和路线图。

孙家栋是中国科学院院士，荣获中国"两弹一星"功勋奖章、国家科技进步奖特等奖、国家最高科学技术奖等。2018 年 12 月，他荣获"改革先锋"称号，被授予"改革先锋"奖章。2019 年 9 月，孙家栋又荣获"共和国勋章"。

钱学森这样评价他：孙家栋是在中国航天事业发展历程中成长起来的优秀科学家，也是中国航天事业的见证人。自第一颗人造地球卫星首战告捷起，到绕月探测工程的圆满成功，孙家栋几十年来为中国航天的发展做出了突出贡献，共和国不会忘记，人民不会忘记。

尽管号称中国卫星之父，孙家栋总是宠辱不惊，严谨工作，想象力超强，遇到困难和麻烦，总是从容攻克，始终乐观。他用自己的智慧和勇气，让中国的卫星在太空演绎了一段段航天传奇。

2.5 "东方红-1"号

1957 年 10 月 4 日，苏联"卫星"号运载火箭发射世界上第一颗人造卫星，名扬天下。1958 年 1 月 31 日，美国"朱诺-I"号火箭发射"探险者-1"卫星，排名亚军。1965 年 11 月 26 日，法国"钻石-A"火箭发射"阿斯泰利克斯"卫星，名列第三。

20 世纪 70 年代初，世界上有三个国家暗自较劲，竞争成为第四个独立发射卫星的国家：中国、日本、英国。

中国的"东方红-1"号卫星直径 1 米，质量 173 千克，球形 72 面体。"东方红-1"号卫星由结构、温控、电源、雷达应答机、雷达信标机、《东方红》乐音器、短波遥测、跟踪、天线、姿态测量和科学仪器等系统组成。

1969 年 8 月 27 日，中国第一枚"长征-1"号两级运载火箭矗立在酒泉卫星发射中心的发射架上，准备进行飞行试验。

如果"东方红-1"号卫星发射成功，中国将是世界上第四个拥有航天发射能力的国家。这该多好啊！

美国和苏联得到情报后，照相侦察卫星每天飞经中国，侦察火箭发射的情报。日本得到消息也紧张万分，以为要输掉这场比赛。

当时，中国准备了两枚火箭试射。1969 年 11 月 16 日，第一枚"长

"东方红-1"号卫星

征-1"号火箭在酒泉卫星发射中心进入倒计时。

这是中国第一次发射运载火箭。人们很担心火箭会飞出国境。在正常情况下，火箭是不会飞出国境的。如果火箭超程飞行，不按规定时间关机而可能飞出国境时，自毁系统就会发出信号。因为火箭上面装有安全自毁系统，火箭会在空中自毁。如果火箭发生故障，不能保障自毁系统工作，地面指挥人员也可以发出指令将火箭炸毁。

11月16日6时，倒计时结束，"长征-1"号火箭升空。当起飞18秒时，第二级火箭控制系统发生故障，自毁坠落。世界上著名媒体几乎在同一时间发布了这条新闻。日本得知消息后欣喜若狂。

因为当时中国正处于"文革"时期，知识分子得不到正常工作和应有的尊重，甚至毫无尊严，导致航天事业受阻。航天科学家们知道时间不等人，还是竭力排除万难，拼命工作。

1970年1月30日，第二枚"长征-1"号火箭在酒泉成功发射。这是个好消息！中国离发射卫星成功，只差一步！1970年2月初，国防科委正式下达发射"东方红-1"号卫星的命令。

突然，一个晴天霹雳传来：1970年2月11日，日本"兰达"火箭发射"大隅"号卫星成功。日本成了世界上第四个拥有独立航天发射能力的国家。中国只能成为第五……

周恩来总理冲破重重人为阻力，亲自处理并排除了卫星研制与发射工作中的一个又一个"干扰"。在各方积极努力之下，"东方红-1"号卫星的发射工作，终于进入到最后的关键环节。

1970年4月24日，酒泉卫星发射中心灯火辉煌，天空星光灿烂。一枚乳白色"长征-1"号火箭挺立在发射台上。

21时34分，指挥员下达口令：1分钟准备！

🛰 中国航天：预示着希望、未来

⬆ "东方红-1"号卫星发射

⬆ "东方红-1"号卫星环绕地球飞行

21时35分，指挥员下达口令：点火！

操纵员按下了红色按钮：起飞！

"长征-1"号运载火箭喷射出橘红色的火焰，越飞越高，越飞越远……飞上太空。

在火箭飞行中，各观测站向飞控中心报告：一级关机，一、二级分离；二级关机，二、三级分离；三级关机，星箭分离，卫星入轨！

"长征-1"号运载火箭将"东方红-1"号卫星发射进入高度近地点441千米，远地点2 368千米，倾角68.44°的运行轨道。

"东方红-1"号卫星进入太空，传来"东方红，太阳升……"的乐曲声。

⬆ "东方红-1"号卫星发射成功的喜报

⬆ 老百姓围着收音机收听"东方红-1"号的乐曲

中国成为世界上第五个独立发射火箭与卫星的国家。这是中国航天事业的第一个里程碑，具有划时代的意义。

为什么地球大气层出现巨大的空洞？为什么地球的温度越来越高？人类为什么将地球挖得千疮百孔？怎样知道地球环境污染严重？人类正在毁灭地球、自取灭亡？地球卫士们，请保卫美丽家园！

 # 3.1 地球上空的大窟窿

1785 年的一天，荷兰化学家马鲁姆正在用水和电进行电火花实验。他发现了一种不寻常的气味："这是一种从来没有闻到过的臭味。"马鲁姆将臭味归因于水和电的化学反应。他没有意识到，自己第一次人工制造了地球的保护神——臭氧。

19 世纪 30 年代，德国化学家克里斯提安·弗里德里希·尚班也在化学实验中闻到一股刺鼻的气味。"这个气味不好闻！它有点像闪电后产生的气味，虽然清凉，但比较臭。"

尚班是位科学家和发明家，最著名的发明是燃料电池。他在想：这个臭臭的气味到底是什么呢？ 1839 年，尚班成功提取了这种氧气气体。因为这种气体很臭、气味难闻，他就命名为：臭氧。

臭氧，又称为超氧。大气中的氧分子受太阳辐射，分解成氧原子。氧原子又与周围的氧分子结合，含有 3 个氧原子，形成臭氧。臭氧是一种淡蓝色的气体，具有独特的刺激性气味。在低温下，它会凝结成深蓝色液体，温度再低时，最后变成紫黑色固体。

在自然界中，臭氧是氧气由强烈的紫外线照射与大气放电，也就是闪电的作用而形成，并最终形成臭氧层。

什么是臭氧层呢？在地球的大气层中，存在浓度极低的臭氧。臭氧很轻，在地球上空形成了一层臭氧层。在地球上空的 10~50 千米的平流层下部，浓

臭氧：3个氧原子的氧气

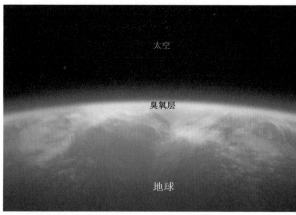

臭氧层与地球的位置关系

度最高。臭氧层的浓度、高度和厚度，随季节和地理而变化。

科学家说："臭氧层是地球和人类的保护伞。"太阳的紫外线太猛烈，会引发淋巴癌、皮肤癌、近视、双目失明等疾病，还会造成一些生物大量死亡，甚至生物灭绝。臭氧层能阻挡太阳辐射的紫外线和猛烈的阳光，保护地球生物和人类。臭氧还能杀灭细菌、病毒、微生物，消除化学污染。

科学家又说："臭氧层又是一剂猛烈的毒药。"臭氧属于有害气体，具有刺激性和腐蚀性，太多时会对眼睛、鼻子、喉咙和呼吸系统产生刺激，也会破坏生物和人体细胞、分解DNA、蛋白质、脂质类和多糖等，危害健康。

1913年，法国物理学家发现地球上空有一层臭氧层。当太阳辐射大量紫外线，臭氧层能吸收太阳辐射的大部分紫外线。如果没有臭氧层，人类和生物

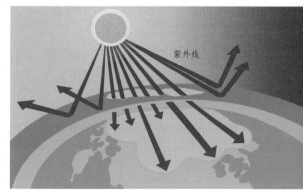

臭氧层能反射、吸收大部分紫外线，保护地球

法曼博士在南极科考

法曼、加德纳、尚克林（左→右）在臭氧层监测仪前

将无法生存和生活。

真好！臭氧层是地球、生物和人类的保护伞。

大事不好！地球上空有一个大窟窿！

这个大窟窿，极速扩大，越来越大！

这是怎么回事呢？ 20 世纪 70 年代中期，英国南极科考队的地球科学家约瑟夫·法曼博士在位于南极威德尔海东部海区的哈雷湾，专注于监测和分析臭氧水平。

在 20 世纪 80 年代初，法曼博士探测发现：南极洲上空的臭氧年年减少，南极洲上空出现一个空洞。他不敢肯定自己的探测结果，专门询问世界上气象卫星最先进的美国宇航局。

美国宇航局回答："卫星没有监测到臭氧减少，也没有发现反常现象！"

"咦！这就怪了！我发现臭氧在减少，而卫星说正常。这应该相信谁呢？"

当然相信科学和实验！

1984 年，法曼博士新安装了一台臭氧层监测仪器。新仪器显示：臭氧层减少更快！

法曼重新计算了早先的数据，吓了一跳：1975—1984 年的 10 年期间，南极春季的臭氧层下降了大约 40%，后几年下降高达 60%。

1985 年 5 月 16 日，英国南极科考队的约瑟夫·法曼、气象学家布莱恩·加德纳和乔恩·尚克林在著名的《自然》学报联名发表论文宣布：在南极洲上空的臭氧层，臭氧快消失殆尽，出现了一个大空洞。这个黑洞的面积可能有几百万平方千米，且仍在继续扩大！

这太可怕了！记者问：这是怎么造成的？

法曼说："太阳活动会引起臭氧和臭氧层的变化。人类制造的冰箱、空调、喷雾剂里的氟利昂、氯氟烃等气体和化学品，阻碍了臭氧形成，并破坏臭氧层。如果没有了臭氧层，人类将如何生存？地球生物将毁灭在人类的手里！"他还指出，"这不是危言耸听！臭氧层能吸收 97%~99% 的太阳紫外线。如果没有臭氧层，地球

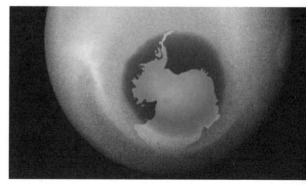

↑ 1985 年，南极臭氧层空洞（白色部分）

上就不可能诞生生物。如果没有臭氧层，人类进化会变成另外一副样子。人类可能进化成浑身披戴铠甲的怪物，甚至不会存在人类。"

太丢脸了！世界上最权威的美国宇航局竟没有发现臭氧层空洞。这让美国宇航局和气象卫星、环境卫星陷入尴尬。美国迅速派出气象卫星和环境卫星组成联合舰队，编队飞行，监测地球。气象卫星、环境卫星是专门观测地球气候和环境的卫星。它们能大范围、及时、连续完整地观察气候，提供天气、云层、温度、台风、洪水、雪灾、沙尘暴等气象情报，并把卫星云图等气象信息发给

臭氧层空洞受到全世界关注。1987 年 9 月 16 日，为了避免地球臭氧层继续恶化和损害，联合国在加拿大的蒙特利尔召开国际会议，会员国签订了《蒙特利尔议定书》。1991 年 6 月 14 日，中国加入《蒙特利尔议定书》。到 2002 年 2 月，全世界 183 个国家批准加入《蒙特利尔议定书》。该议定书要求各国限制和停止氟氯碳化物以及冰箱空调的氟利昂、清洗剂、发泡剂、喷雾剂、灭火器等的生产和使用，研制各种替代产品。

↑ 美国"风神"气象卫星

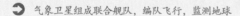

→ 气象卫星组成联合舰队，编队飞行，监测地球

地面。根据卫星云图等情报，气象专家分析出气象预报。

之后，气象卫星证实：南极和北极的臭氧层都发现大空洞。地球，人类美丽的家园，已遭到人类的严重破坏，包括臭氧层。

法曼提醒道："臭氧层空洞也许是最令人震惊的一课。我们的星球变化太快。为了生存和生活，人类忘记了地球安全和地球环境。地球只有一个，这是人类和子孙万代的未来家园。保护好地球，才是通往未来繁荣最安全的道路。"

联合国大会指定：每年的 9 月 16 日为保护臭氧层国际日。美国发起每年 4 月 22 日为世界地球日，提倡绿色低碳生活，改善地球环境。

2000 年 9 月 6 日，美国宇航局、美国海洋与大气局的气象卫星显示：臭氧层空洞的面积达 2 990 万平方千米。2012 年 9 月 22 日，臭氧空洞面积减为 2 120 万平方千米。

这是 20 多年来的最好消息。人类终于看到了希望。这应归功于《蒙特利尔议定书》及各国人民的努力。

由于臭氧分解缓慢，南极臭氧层可能要到 2065 年才能恢复到正常水平。

臭氧层的破坏和变化，直接影响整个地球的环境和气候，影响人类和生物的生存和繁衍，影响地球和人类的未来。保护地球、保护环境、保护臭氧层，是每一个地球人的神圣职责，意义重大而深远。

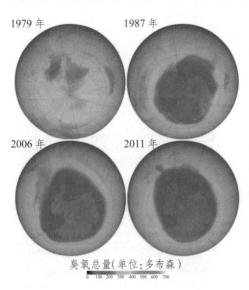

臭氧总量(单位:多布森)

美国宇航局发布：1979—2011 年，南极臭氧层空洞的变化

2007 年 11 月 8 日，"诺阿-18"气象卫星拍摄到从中国黄土高原吹来的沙尘暴（黄色）袭扰河南

3.2 燃烧的地球

北极位于永久冻土区，有极其漫长寒冷的冬天和非常短暂凉爽的夏季。冬天漫天风雪，最低气温−40℃，最冷记录为−68℃。北极受全球变暖的影响，冰原越来越往北萎缩和后退，最令人震惊的是北极海冰收缩。根据计算机模型演示显示：2040~2100 年内，北极海冰将完全消失。极地甲烷释放，也改变了北极的气候和环境。

全球变暖，破坏和改变了地球环境、生物数量和种类。

原来，北极熊主要生活在北极圈内，芬兰、丹麦、挪威、俄罗斯、美国和加拿大等国偏远的栖息地，偶尔乘坐海冰广泛地漂流，最远到挪威大陆和鄂霍次克海的千岛群岛。

由于温室效应、全球变暖，北极冰原大大缩小，北极熊生活艰难，活动范围越来越小，只能游荡在北极极地一带。最近几年，人们常能看见饥饿的北极熊出没于人类居住区附近，乱翻垃圾桶，甚至袭击狗和人类。北极熊瞪着一双忧郁的眼睛，仿佛在说：行行好吧！给点儿吃的！

↑ 我的家在哪里

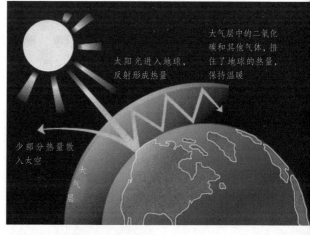

太阳光进入地球，反射形成热量

大气层中的二氧化碳和其他气体，捂住了地球的热量，保持温暖

少部分热量散入太空

大气层

↑ 温室效应示意图

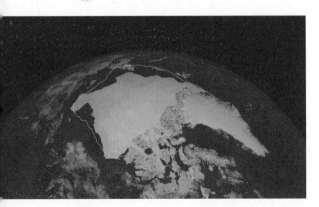

气象卫星测量北极区域海冰的发展（黄线是原来海冰的边界）

现在，北极熊的数量下降很快，减少了三分之一，成了珍稀动物。

全球变暖是一种自然现象，但主要是人为的结果。

200多年来，工业革命提高了人类的生存质量，但利用煤炭、石油也产生了大量的二氧化碳，将地球污染，使其发生温室效应，导致全球变暖。

科学实验证明，全球变暖的趋势已经势不可挡。

全球变暖，危害极大。据预测：极地冰川将融化，海平面每10年升高6厘米；南极、北极冰盖将缩减三分之一；喜马拉雅山脉的冰川将消失殆尽；太平洋海岛国家、低地国家，如孟加拉国、荷兰将被淹没……大批动物植物因为气候改变而衰亡。

气象卫星、环境卫星的一项任务就是监测全球变暖。它们探测的情况比预测的更糟糕：人类可能会因不适应极端天气而衰亡。地球可能成为火星一样荒凉的死星。

温室效应、全球变暖、环境污染、海洋酸化、物种灭绝……人们不禁担心：地球到底还能坚持多久？地球的修复能力到底有多大？人类用什么方法能阻挡全球变暖、环境污染的步伐呢？

办法总比困难多！科学家认为：最简单的做法是人类低碳生活，减少或停

中国"风云-4"号气象卫星

俄罗斯"电子星-L"气象卫星

止使用矿物和化石能源，遏制温室效应；人类必须开拓绿色能源，如太阳能发电、潮汐发电、核电、风电、地热、太空发电，特别是氢气发电等。

科学家们正在借助各种功能强大的气象卫星时刻监测着地球的变化。气象卫星不会说话，但已经看见了人类的未来。

气象卫星警告人类：既然不愿回到原始星球，那就应该保护好地球！

中国"风云-2"号卫星拍摄的气象云图

美国"地球"号气象卫星拍摄的多光谱地球照片

 # 3.3 乾坤大转移

在人类的发展中，总会出现一些关键的人物，让科学产生意想不到的飞跃。威廉·吉尔伯特就是其中之一。

1544年5月24日，吉尔伯特生于英国，毕业于剑桥大学圣约翰学院，获医学博士学位。他知识渊博、医术高明，成为英国妙手回春的神医。1601年，英国女王伊丽莎白一世聘请吉尔伯特为御医。

在成为御医的同一年，吉尔伯特研究了琥珀、玛瑙、水晶等。它们互相摩

英国科学家威廉·吉尔伯特

擦后，大的可以吸引小的。他命名这种吸引的力量为电。他创造了英文单词"电"，并流行世界。

当时，中国的指南针已经传到欧洲。指南针，会指向南方，真奇妙！

在英国，指南针也称为指北针。有的英国科学家向女王报告：指北针指北的原因是北极星吸引了指北针。

吉尔伯特对此非常怀疑。

如果不是北极星吸引了指北针，那到底什么吸引了指北针呢？

当做了许多实验后，吉尔伯特得出一个伟大的结论：地球本身具有磁性！这是指北针指向北的原因。

他第一个认为：地球的中心是磁铁。他切割磁铁，分成几块。每块磁铁又会形成一个新的南北两极。

1600 年，吉尔伯特出版了科学名著——《论磁》，第一个提出磁轴、磁子午线、地球磁场的概念和定义。他认为：地球自身就是一个巨大的磁体；地球在自转过程中产生磁场；磁场的两极和地理的两极几乎重合。吉尔伯特的理论确立了地磁场与地球的关系，指明了地球磁场的起因在地球内部。

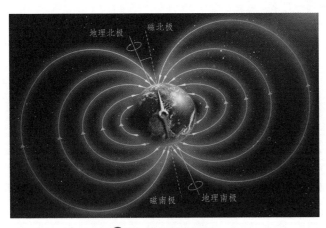

地球磁场与指南针

地球磁场具有方向性。在漫长的地质年代中，地球经历过多次磁场反转。地球偶极磁场就像一个条形磁铁，数亿年以来保持相同强度。由于某种未知原因，地球磁场逐渐变弱，直至磁场逆转。

最新科学发现证实：

地球磁场强度减小的速度比预期快 10 倍。

科学家预测未来百年之内，地球磁场将发生逆转，南北极颠倒。

地球是否已经进入了地球磁场大逆转的时刻？如果地球磁场逆转了，地球会怎么样呢？人体将如何适应？人类将陷入灭顶之灾？

科学家已经提高警惕，预测地球磁场的变化和未来了。

欧洲太空局研制了一颗地球磁场测绘卫星——"蜂群"。"蜂群"由阿尔法、布拉沃和查利三颗卫星组成星座，联合探测地球磁场。

它们"长得"非常怪异：紫红色的身体，上面装满了黑色的太阳能贴片，用于接收阳光发电；内部安装了通信、动力、导航、测控等科学仪器；长长的脖子和头部，也都是探测器。

"蜂群"测绘卫星的发射质量 468 千克，净质量 369 千克；高 1 米，宽 1.5 米，长 9.1 米；功率 608 瓦，设计寿命 4 年。

"蜂群"卫星的科学目标是：多点测量地球磁场以及时空演化，了解地球内部和地球系统的新动向，绘制全球磁场地图。

"蜂群"卫星装载了 5 种高科技的先进仪器：磁力仪，测量地球磁场；磁强计，测量磁场的绝对标量，校准探测仪器；电场测量仪，测量离子浓度，电场的漂移速度；加速度计，测量风的非重力加速度，如空气阻力、地球反照率和太阳辐射压力；激光测距反射器，用石英棱镜作为激光测距仪，测量距离。

"蜂群"地球磁场测绘卫星具有高精度、高分辨率、精确导航的特技，可以测量地球磁场的强度、方向变化。

⬆ "蜂群"地球磁场测绘卫星

它的加速度计和电场测量仪提供必要的数据，描绘地球磁场模型，发现地球磁场与地球物理方面的相互作用。

欧洲太空局科学家说："蜂群"卫星将大大增加人类的知识，特别是有关

大气过程和海洋环流模式，以及这些如何影响气候和天气方面的知识。

2013年11月22日，"蜂群"卫星在俄罗斯的普列谢茨克航天中心，搭乘"呼啸"号火箭发射升空。它们运行在两个不同的轨道，每天环绕地球15圈：两颗卫星并肩飞行在海拔450千米高度，轨道倾角87.4°的轨道上；一颗卫星飞行在海拔530千米高度，轨道倾角88°的轨道上。

不久，好消息传来！"蜂群"地球磁场测绘卫星发现了地核动力、地球动力与地球核幔的相互作用和过程；解释了岩石圈磁化及其地质、地幔的三维电导率；测定了磁层和电离层中流动的电流。同时，它还识别了海洋环流的磁特征，定量定性地分析了大气强度。

为什么地球磁场会变化呢？2016年12月，科学家们通过"蜂群"发回的很多测绘数据发现，地球内部的液态铁快速移动，每年大约移动50千米。这会引起磁场变化和磁极颠倒。

这将颠覆人类的科学知识，挑战人类的想象力！

"蜂群"卫星联合作战，成就非凡

蜂群"地球磁场测绘卫星飞行轨迹：两颗肩并肩，一颗独自飞行

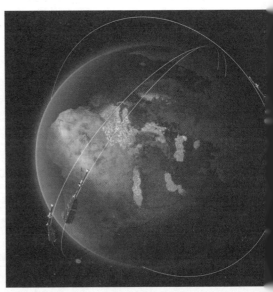

3.4 地球卫士

地球，是宇宙的奇迹，生命的摇篮，人类的家园，未来的希望。

地球，45 亿岁了，正值中年。45 亿年来，地球从一个岩浆崩裂、荒蛮高温的大火球，变成了一颗郁郁葱葱、多姿多彩的绿色星球。

然而，近 100 多年来，人类为了眼前的利益，抢挖 45 亿年来形成的矿藏，将地球挖得千疮百孔。地球上的矿物资源是有限的，不可再生。这等于抢夺了子孙万代的饭碗。

同样，为了自己生活好一点儿，人类疯狂地制造各种产品，污染空气、污染海洋、污染土地，使地球环境遭到严重破坏，引发各种自然灾害。地球环境被污染后极难治理，人类必将自食恶果。

为了让地球永葆青春，永远美丽，许多国家都研制了地球观测卫星，担当地球的侦察员和警卫员。

2003 年，欧盟和欧洲太空局制定了一个"全球环境与安全监测"计划，后更名为"哥白尼"计划。

这是世界上最大的地球观测计划。它将陆续发射"环境""哨兵"等一系列卫星，观测地球，为决策者提供科学依据，制定环境法案，预警自然灾害和人道主义危机等紧急状况，并做出反应。

"环境"号环境卫星是该计划中的一颗地球观测卫星，也是欧洲迄今建造的最大的环境卫星。它装载了 10 多种传感器，观测陆地、海洋、大气等地球环境。科学家说："环境"号功能强大，不但能看到地球的"毛发"，更能看到地球的"基因"。

早在 2002 年 3 月 1 日，"环境"号卫星搭乘"阿丽亚娜–5"火箭，从法

"环境"号环境卫星　　　　　　　"环境"号环境卫星俯瞰地球

地球观测卫星

　　地球观测卫星，中国称为遥感卫星。

　　地球观测是指卫星在太空利用先进探测仪器，观测地球并获取信息。地球观测用于众多领域，包括地理学和大多数地球科学学科，例如，水文学、生态学、海洋学、冰川学、地质学。地球观测技术也可用于军事、情报、商业、经济、规划和人道主义。

　　地球观测卫星装载各种光学、红外、雷达或多光谱等摄像探测仪器。地球观测卫星高度一般在 500 ~ 600 千米，运行一圈大约 100 分钟，飞得低看得清。大多数地球观测卫星按照南北方向的极轨道，或者大致南北方向的太阳同步轨道运行，覆盖全球。

　　地球观测卫星也可运行在高度 36 000 千米的地球静止轨道上。在这个轨道和高度，地球观测卫星能不间断地观测，覆盖范围超过 40%的地球。如果在静止轨道上部署三颗地球观测卫星，两颗之间按经度 120°分布，就可以覆盖除了南北极以外的整个地球。

　　根据拍摄方法不同，卫星照片分为光学、红外、雷达、多光谱等，各有用处。目前，光学卫星分辨率最高达到 30 厘米。

德国"矢车菊"雷达卫星

美国"地球之眼-1"号地球观测卫星

法国"昴宿星"地球观测卫星

属圭亚那库鲁航天中心发射。它运行在近地点 772 千米，远地点 774 千米，轨道倾角 98.40° 的太阳同步极地轨道上，大约 101 分钟环绕地球一圈，重访周期为 35 天。

10 年间，"环境"号卫星为世界各地约 4 000 个科研项目提供地球大气、陆地、海洋和冰川等方面的数据。"环境"号卫星描摹出北冰洋冰层渐少、石油泄漏的范围，让人惊叹。

"环境"号卫星设计寿命 5 年，足足活了 10 年，飞行了 25 亿千米。2012 年 4 月 8 日中午，欧空局收到一张照片：西班牙加那利群岛就像破碎的贝壳一样，散落在海洋里。从此以后，人们再也没有收到它发出的信息。

2012 年 4 月 15 日，一颗法国卫星与"环境"号卫星在相距 100 千米的地方擦肩而过，并且拍摄到"环境"号清晰的图片。这张意外收获的图片显示："环境"号卫星完好无损，太阳能帆板仍然像翅膀一样张开。它仍像个忠诚的哨兵，运行在轨道上。

欧洲"环境"号卫星拍摄了无数精美的卫星照片。咱们图文共赏！

雕刻大地：白雪皑皑的阿尔卑斯山从东北往西南绵延，白色的积雪覆盖山脉，黑色、绿色和咖啡色的山峡，将雪山雕刻成各种花朵、花瓣的形状。亚平宁山脉，往南延伸到意大利北部，几个湖泊历历在目。

白红黑的艺术：一个独特的云层在非洲的加那利群岛南部、非洲（右）西

🌐 雕刻大地：2007 年 4 月 10 日，"环境"号卫星拍摄的阿尔卑斯山

🌐 白红黑的艺术：2010 年 6 月 6 日，"环境"号卫星拍摄的加那利群岛

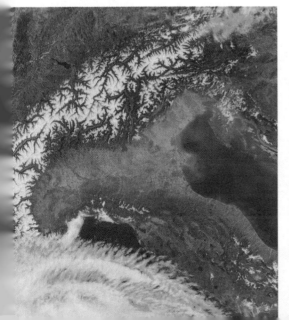

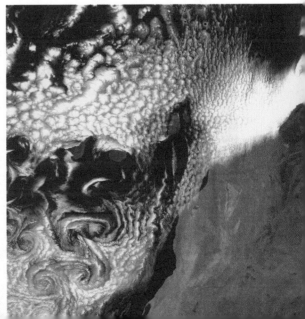

北海岸约 95 千米处形成。照片的上部遭遇微风，仿佛雪花飘散、轻盈飘逸。照片的下部大风劲吹，形成旋风盘旋，透露着力量和诡异。

梦幻旋流：北大西洋爱尔兰出现蓝色浮游生物的旋流，非常像法国印象派画家克劳德·莫奈的绘画技艺。浮游生物和微小的海洋植物，漂浮在海洋表面或海边。由于光合作用和温度升高，藻类大肆泛滥，变成叶绿素色彩，染绿了海洋。

⬆ 梦幻旋流：2010 年 5 月 23 日，"环境"号卫星拍摄的浮游生物的旋流

⬆ 沧桑与激情：2009 年 2 月 20 日，"环境"号卫星拍摄的青藏高原

沧桑与激情：在青藏高原这个假彩色图像上，茂盛的绿色植物呈现明亮的红色。图上可见梯形状红紫色的喜马拉雅山区。喜马拉雅山脉东端的右侧是印度与斯里兰卡。在图像底部一半属于印度，下方可见孟加拉国平原地区。恒河，印度次大陆最重要的河流，横跨图像底部，通过孟加拉国西部流入孟加拉湾。

⬆ 2004 年 1 月 24 日，"环境"号卫星拍摄的巴哈马群岛的蓝宝石珊瑚岛

⬆ 2006 年 8 月 7 日，"环境"号卫星拍摄的西伯利亚河流

3.5 高清的神眼

　　地球观测卫星平时是观察家、探险家、摄影家和科学家，最多是个多功能的"民兵"。一旦发生战争或必要的时候，地球观测卫星立马响应征召，摇身一变成为"战士"和"侦察员"。地球观测卫星与军事侦察卫星的侦测仪器几乎相同，极易转化。

　　中国也组织了卫星"民兵"敢死队——"高分"卫星，全称高分辨率地球观测卫星。

　　"高分-1"号卫星的造型很特殊，属于一面大一面小的四方体。它的发射质量 1 266 千克，设计寿命 5~8 年。它装有一对漂亮的太阳能帆板。每只太阳能帆板由三片太阳能帆板组成。

　　"高分-1"号卫星瞪着两个大眼睛和几个不像眼睛的神眼。那是几台高清照相机，似乎要将地球看穿。它拥有高分辨率、多光谱与宽覆盖相结合的光学遥感等关键技术，能拍摄多种高清照片，实现了高太空分辨率和高时间分辨率的完美结合，意义重大。

　　2013 年 4 月 26 日，"高分-1"号在酒泉卫星发射中心由"长征-2D"运载火箭成功发射，开启了中国地球观测的新时代。"高分-1"号运行在近地点 635 千米，远地点 662 千米，轨道倾角

　　"高分-1"号地球观测卫星长着两个大眼睛，飞掠群山，一览无余

98.0506°的太阳同步轨道，每天环绕地球14圈，4天扫描整个地球。

"高分-1"号主要为国土、测绘、电信、水利、石油、环保、农业、林业、海洋、安监、矿业等行业和城市信息化提供专业的数据和服务。

"高分-1"号卫星装载了2台2米分辨率全色、8米分辨率多光谱相机；4台16米分辨率多光谱宽幅相机。它拍摄了许多照片，为我们描绘了一个惊艳的世界——

地球的"肌肉"：2014年4月20日，"高分-1"号拍摄的新疆昌吉州呼图壁县山谷。图像上方的方块是尚未返青的农田，呈现灰褐色。中间如灰白色"骨骼"状、东西方向连续的山丘是坚硬的岩层残留。下方大片红色是山上覆盖的植物。正中自上而下的是山谷中的一条河流。

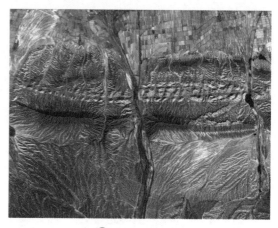

🔊 地球的"肌肉"

🔊 大地在"倾听"

大地在"倾听"：2013年10月9日，"高分-1"号多光谱相机拍摄的新疆吐鲁番鄯善县罗布泊镇。"大耳朵"区域是典型的内陆湖泊逐年干涸后，湖盆经风蚀所形成的雅丹地貌。这是中国西部典型的荒漠景观。蓝色的人工水库和浅粉色的戈壁绿洲，为枯燥的黄褐色的戈壁和沙漠增添了一笔靓丽的色彩。

古老的"年轮"：2014 年 3 月 25 日，"高分-1"号卫星多光谱相机拍摄的甘肃省酒泉市阿克塞县附近内陆湖泊逐年干涸后留下的印记。多年之后，人类的活动唤醒了蕴藏丰富资源的大地，一条道路自左向右横穿整块区域。

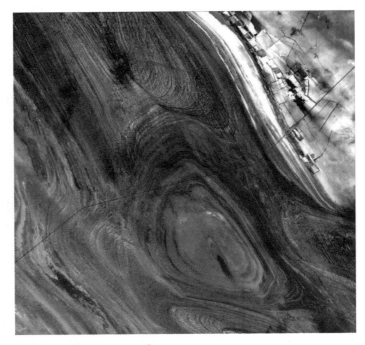

⬆ 古老的"年轮"

⬆ 戈壁"水母"

戈壁"水母"：2013 年 8 月 2 日，"高分-1"号多光谱相机拍摄的甘肃省酒泉市敦煌附近。不同类型和不同年代形成的戈壁滩，层次分明。白色区域是盐碱地。它像一只游弋在戈壁滩上的"水母"。"水母"须是水流形成的冲积沟。

山河秋颜：2013年11月16日，"高分-1"号多光谱相机拍摄的甘肃庆阳市正宁县的崇山峻岭。这张照片仿佛一张古老沧桑的红叶，实际是一片层林尽染的山脉。亮红色部分与褐色部分反映了不同类型的植被，白色线状部分是季节性河流形成的干涸沟谷。

⬆ 山河秋颜

⬆ 九曲十八弯

九曲十八弯：2014年1月28日，"高分-1"号多光谱相机拍摄的陕西省延安市黄陵县的洛河。这是典型的黄土高原地貌。在水流长期侵蚀下，地面被分割得支离破碎，形成沟壑交错的原、梁、峁、川。平坦的梁顶和峁顶，一般可以进行农田耕作，呈现微暗的粉红色。蜿蜒的洛河贯穿整个区域。

精美卫星照片让人浮想联翩、心潮澎湃、惊叹、震撼！

发明和创新是一只雄鹰，永远领先。模仿和观望像一只王八，永远落后。一个当间谍的智多星，怎样让飞船飞上太空？一个玩潜艇的门外汉，怎样将飞机变成飞船？智慧、勇气和远见，让科技飞得更高。

4.1 下一个里程碑

在苏联莫斯科州东北部，有一个风光优美、鸟语花香、森林掩映的小城。戏剧教育家、理论家斯坦尼斯拉夫斯基，剧作家、最伟大的短篇小说家契诃夫，风景画家艾萨克·莱维坦……，还有弗拉基米尔·列宁，几十位著名人物曾在这里出生或生活过。

1938 年，这里以苏联革命领导人、列宁的好朋友加里宁的名字命名为加里宁格勒。苏联曾在这里生产反坦克火炮和防空炮。

1946 年 5 月 13 日，苏联在这里成立三个设计局和第 88 科学研究院，发展火箭、导弹等战略战术武器。

三天后，第 88 科学研究院第 1 特别设计局成立。俄罗斯科学家、院士谢尔盖·科罗廖夫担任局长、首席设计师。第 1 特别设计局研制洲际导弹、运载火箭和航天器，之后创造了无数航天奇迹，让这个小城名扬天下。

1996 年 7 月，为纪念苏联太空计划之父——科罗廖夫，加里宁格勒更名为科罗廖夫市。今天，这个小城世界著名，号称"洲际导弹发源地""运载火箭老

🔊 科罗廖夫雕像

家""火箭城""航天器摇篮""太空探
索之都""世界航天的大脑"。

这里曾是一个秘密和封闭的军事
禁区。

在军事禁区内，警卫最严格的是
第1特别设计局。第1特别设计局属
于国防和航天工业中坚，研制弹道导
弹、运载火箭、卫星、航天器、空间
站等。

🔊 第1特别设计局人员合影

在科罗廖夫带领下，10年时间里，第1特别设计局研制成功第一枚中程
弹道导弹、第一枚洲际导弹、第一枚运载火箭、第一颗人造卫星。20年内，第
1特别设计局研制成功第一艘宇宙飞船、第一颗月球探测器、第一颗侦察卫星、
第一颗金星探测器、第一颗水星探测器、第一颗火星探测器、第一座空间站……

当年，苏联发射的各种航天器，占世界航天器总量的一大半。太空中到处
飘扬着苏联的国旗，红遍太空。

1957年10月4日，苏联发射成功世界上第一颗人造卫星，在太空建立了
第一座里程碑。

很快，苏联瞄准了下一个里程碑：人类飞向太空！

1959年1月，苏联开始准备载人
航天。这需要一枚大火箭，一艘宇宙
飞船。

科罗廖夫和科学家们都很苦恼：
"咱们可以将原来的火箭造大一点儿，
但是飞船在哪里？"

科学家们都主张从零开始，研制
世界上第一种飞船——"东方"号飞船。

"东方"号飞船总设计师奥雷格·
伊凡诺夫斯基认为：研制飞船至少三
到五年。美国科技先进，会比苏联先

🔊 科罗廖夫市"卫星–1"号卫星雕塑

宇宙飞船

宇宙飞船，又称太空船、太空飞船等。

宇宙飞船是一种运送宇航员、货物到达太空，并安全返回地球的航天器。

宇宙飞船能基本保证宇航员在太空短期生活和工作，来往于天地之间。

宇宙飞船分为载人飞船和货运飞船。

载人飞船是运送宇航员上太空的飞船，一般乘坐2~3名宇航员，飞行几天到半个月。未来的宇宙飞船可以乘坐6~10名宇航员，飞行几个月到一年半。

货运飞船主要为空间站、月球、火星运送货物、科研仪器、食品和太空配件。

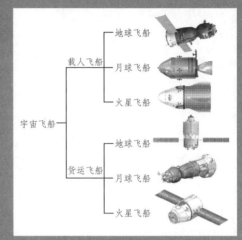

苏/俄"联盟"号载人飞船

日本"东方白鹳"号货运飞船

造出飞船，先发射飞船。如果这样，苏联会丢掉这个世界第一，同时丢掉信心、尊严和荣耀。

科学家们尽管十分紧张，但束手无策，只能加快速度设计飞船。

一天，伊凡诺夫斯基突然跳起来："我想到一个好主意！"

伊凡诺夫斯基是谁？他有什么妙招呢？

1922年1月18日，伊凡诺夫斯基生于莫斯科。二战时，他打仗受了重伤，

1945 年 6 月，他参加过红场二战胜利游行。1953 年，他毕业于莫斯科电力工程学院。后来，他相继当上了第 1 特别设计局副总设计师、总设计师、首席设计师。

伊凡诺夫斯基天生聪慧，一贯崇尚创新，厌弃模仿。他是苏联火箭、航天器和航天技术的创始人、设计者，世界上第一颗卫星、第二颗卫星的副总设计师，世界上第一艘飞船"东方"号总设计师，"月球""金星"和"水星"探测器总设计师，列宁奖和国家科技奖得主。

苏联飞船之父——伊凡诺夫斯基

一天，伊凡诺夫斯基向第 88 科学研究院院长和科罗廖夫报告："咱们不是研制了'天顶'号间谍卫星吗？咱们能不能把'天顶'卫星改装一下，变成飞船。这不是现成的吗？"

真的！这是个好办法！能行吗？

为了掩盖间谍的面目，苏联国防部将"天顶"号和所有军事卫星都冠以科学的名字——"宇宙"号。在 30 多年时间里，苏联超过 500 颗"天顶"号照相侦察卫星飞上太空。它成为世界航天史上发射数量最多的卫星型号。

"天顶"号间谍卫星长度大约 5 米，质量 4 600 千克，分为返回舱和服务舱。服务舱安装了电池、电子设备、导航系统和火箭发动机。返回舱是个大圆球，直径 2.3 米，质量大约 2 400 千克。返回舱里面装着摄影机、胶卷、通信系统、降落伞和自毁炸药。当侦察并拍完照片后，返回舱再从太空返回地面，乘坐降落伞降落在苏联。

"天顶"号间谍卫星

伊凡诺夫斯基激动地说："返回舱足够坐一个人。咱们只要把返回舱改装一下，拆掉摄影机，安装上座椅，就能变成一艘载人飞船。"

这个建议很有新意，但遭到第 88 科学研究院院长和其他科学家们的强烈反对："不行！间谍卫星是卫星，载人飞船是飞船，怎么能变来变去？"

伊凡诺夫斯基舌战群儒："不！我们应该探险和冒险，化腐朽为神奇，成为太空魔术师！"

 "东方-1"号飞船的设想图

他央求道："院长同志，让我们试一下吧！"

科罗廖夫说："如果想抢在美国前面将宇航员送上太空，这是最快的办法。咱们试一试吧！"

白发苍苍的院长同志是位科学家，一生来第一次打算赌一把。

1959 年 5 月 25 日，苏联政府赞同了 37 岁的总设计师伊凡诺夫斯基的建议。

在伊凡诺夫斯基的指挥下，"东方-1"号飞船不到两年时间就完成设计、试验，并飞上了太空，简直不可思议。

4.2 科学的赌局

"东方-1"号飞船乘坐一名宇航员，质量 4.73 吨，长 4.4 米，天线长 7.35 米，最大直径 2.43 米，设计飞行时间 10 天。

"东方-1"号飞船分为乘员舱和服务舱两大部分。

乘员舱，又称轨道舱，返回地球时称为返回舱。返回舱是一个圆形球体，便于在返回地球时能加大空气阻力和尽快散热。

乘员舱质量 2.46 吨，直径 2.3 米。舱内安装有食品、饮水、生命保障系统等，还安装了弹射座椅、观测仪器、通信器材、导航仪器和电视摄像机。舱壁上设有 3 个观察窗和 1 个弹射窗。

服务舱，圆锥形，质量 2.27 吨，长 2.25 米，宽 2.43 米。服务舱里安装了定向火箭、制动火箭和火箭发动机、推进剂、电池、氧气瓶和氮气瓶、天线等系统。在飞船返回大气层之前，服务舱与返回舱分离，最后坠毁在天地之间。

"东方-1"号飞船不单是一场科学的赌局，也是科技的结晶，更是智慧的结晶。

一天，苏联宇航员大队的宇航员们来参观"东方-1"号飞船。

"真厉害！哎，如果火箭发射时发生故障或者爆炸，我们怎么办？"

科罗廖夫大手一挥道："我舍不得让你们死的！我有几个逃命的法宝！

"第一个法宝，弹射座椅。在火箭升空后前 40 秒发生事故，宇航员会从飞船里搭乘弹射座椅弹射出来，降落伞自动打开，宇航员降落到地面。

"第二个法宝，地面控制。在火箭发射 40~150 秒

"东方-1"号飞船内部：上面是乘员舱，宇航员躺在里面；下面是服务舱

发生事故，地面飞控中心可以立刻手动关闭火箭。当火箭坠落到足够低的高度时，宇航员就会弹射。

"第三个法宝，自动控制。在火箭发射 150 秒左右，飞船已经飞得很高，分离和丢弃了整流罩。如果发生故障，自动控制系统会命令飞船从火箭分离出来。飞船会环绕地球飞行几天，宇航员拥有足够的食物和氧气生存。之后，飞船会越飞越低，冲入地球大气层，返回地面。"

宇航员们问："如果火箭前 20 秒内故障，那我们不就没救了？"

"是啊！这是一个从未得到充分解决的问题。"科罗廖夫也一脸愁云。

如果发射后前 20 秒内故障，火箭距离地面太近，弹射座椅没有足够的时间和高度打开降落伞。

苏联火箭军很聪明，他们在拜科努尔发射场发射方向，放了很多大网和

一天，科罗廖夫带领一大帮专家，来到附近的地面飞控中心。

"同志们哪，返回舱再入大气层，可是一个大问题呀！至今没有解决！"

当完成飞天任务，飞船环绕地球飞行，越来越低，最终返回舱与服务舱分离，各自飞行。

不久，服务舱在地球引力作用下进入地球大气层坠毁；返回舱调整姿态，低头朝下，火箭发动机点火，进入地球大气层，最终返回地面。

返回舱外侧覆盖着一层20~30厘米厚的耐高温材料的防热层，防热层能承受再入大气层摩擦产生的1 500℃左右高温。

返回舱再入大气层时重力加速度一般为8g，宇航员会非常难受。

当年，"东方-1"号飞船的宇航员不是乘坐返回舱着陆，而是跳伞着陆。跳伞着陆分三步走。

第一步，返回舱弹射。在到达7千米高度时，宇航员从返回舱的弹射窗口里，坐着弹射座椅弹射出来。当宇航员与返回舱分离，再入轨迹和方向不能被控制。

第二步，弹射座椅分离。在5千米高度，宇航员与弹射座椅分离。

第三步，打开降落伞。在2.5千米高度，宇航员立即打开降落伞，寻找安全地带，择机着陆。

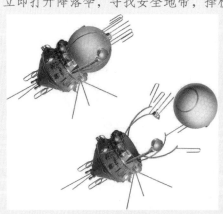

这种着陆方法非常危险，宇航员稍有不慎身体就会受伤，甚至丧命。

◐ 返回舱与服务舱分离方式

垫子。如果宇航员弹射出来，就掉在大网和垫子上。

科罗廖夫看着这些奇怪的玩意儿，自言自语："如果火箭刚发射就发生爆炸，宇航员太接近火箭，会被炸死，就用不到这些了。"

"在发射最初几秒内发生事故，宇航员很难存活。这绝对可怕！"他忧心忡忡地说。

"东方-1"号飞船的宇航员是加加林和蒂托夫。加加林为正式飞行宇航员；蒂托夫为备份宇航员。

当晚18时，航天医生检查了宇航员们的身体和精神状况。医生嘱咐他们不要讨论即将到来的任务，好好睡觉！

那天晚上，加加林和蒂托夫很放松。他俩听音乐、玩台球、聊童年。

在整个晚上，医生利用传感器监测他俩：

嗯，睡得很好！

那晚，首席设计师科罗廖夫没有睡觉。他有些焦虑——这是世界上第一次太空飞行，成功率只有一半。

1961 年 4 月 12 日 5 时 30 分，加加林和蒂托夫都被唤醒，吃了一顿美味的早餐，被送到发射台。最后时刻，苏联决定加加林飞天。

欢送的人群激动地发出呼喊："苏联，乌拉！乌拉！"

这时，工程师列别捷夫匆匆跑到发射台。他在加加林的头盔上手绘了苏联的缩写字母：CCCP。CCCP，让苏联的国名和红星在太空闪亮，也让别的国家不敢欺负和残害苏联宇航员。

⬆ 苏联第一位宇航员——加加林

⬆ 苏联宇航员大队司令卡曼宁、科罗廖夫、伊凡诺夫斯基为加加林送行

在"东方-1"号飞船发射前，加加林向全人类发表演讲：

"亲爱的朋友们、同胞们、五大洲的人们！几分钟后，强大的宇宙飞船将把我送入那遥远的太空。此时此刻，我觉得我的全部生命都是美好的瞬间。我过去的经历和所做的一切都是为了这个时刻。对一个人来说，参加一次新的探索是至高无上的荣誉和幸福。

"现在，离起飞只有几分钟了。我要向亲爱的朋友们说再见了。我很想拥抱所有人，无论是熟人，还是陌生人；远在天边，还是近在咫尺！希望我们会很快重逢！"

"东方-1"号飞船总设计师伊凡诺夫斯基，帮助加加林爬上了梯子，进入了飞船。7 时 10 分，"东方-1"号飞船关闭了舱口盖。

这时，无线电通信系统打开了，加加林报告说："舱口没有正确密封。"

伊凡诺夫斯基立即亲自出马，与技术员花了近一个小时，卸下所有的螺丝检查，又装好，并再次密封舱口。

伊凡诺夫斯基后来回忆道："我挤进机舱，拥抱了他；握了握手，再给了他一拳，说了一句，咱们会见面的！"

4.3 太空人，欢迎您！

"东方-1"号飞船有两个秘密的安全密码。按照苏联保密规定：只有三个人知道密码，宇航员事先不得知道。

"东方"号飞船分为两种飞行模式：人工飞行和自动飞行。

在加加林飞行之前，许多科学家担心：人类无法在太空中生存。宇航员会在失重、失重反应和孤立无援的情况下发疯了。

为了防止加加林万一精神错乱、瞎开飞船，苏联设计师锁定了手动控制，设置了一个三位数的安全密码。宇航员将不能获取"东方-1"号飞船的指挥权。在仪表盘下面放了一个信封，上面写着密码，以备加加林在紧急情况下使用。

在飞行之前，宇航员大队司令卡曼宁少将、科罗廖夫、伊凡诺夫斯基等人悄悄告诉了加加林密码：人工飞行密码是 1-2-5。

在飞船上，还有一个炸药包。当飞船不幸降落在敌对国时，为了保守飞船的秘密，宇航员和飞船必须同归于尽。这个炸药包也分为自动爆炸和手动爆炸，设置了密码。

这个密码，宇航员也不知道。当加加林发表完演讲，准备进入飞船前，科罗廖夫上前握手告别。他的嘴靠近加加林的耳朵，低声说："自毁密码，2-7-8。我知道，用不上！早点儿回来！"

1961 年 4 月 12 日世界标准时 6 时07 分，倒计时结束！

"东方-1"号飞船从拜科努尔航天中心，搭乘"东方-K"火箭发射升空。

加加林的代号"雪松"，返回舱的代号"小球"。

飞行控制中心指挥员祝贺道："我们祝你旅途愉快！一切都是正确的！"

科罗廖夫发出发射指令

6 时 09 分，"东方-K"火箭助推器烧完了推进剂，分离后坠落到地面。

6 时 12 分，芯级火箭烧完了推进剂，分离后坠落到地面。最后一级火箭点火。

6 时 13 分，加加林报告："我是雪松，飞行良好！我能看到地球，能见度很好……我几乎看到了一切。我继续飞行，一切都很好！"

6 时 17 分，最后一级火箭关闭。"东方-1"号飞船到达了预定轨道。10秒后，飞船与火箭分离。

6 时 18 分，加加林报告：飞船飞行正常！我可以从舱窗看到地球。一切都按计划进行。"东方-1"号正越过苏联，向西伯利亚上空移动。

6 时 21 分，"东方-1"号通过了堪察加半岛和北太平洋。加加林报告：我感觉很好，心情很好。现在，我报告驾驶舱参数：压力 1 个大气压，湿度 65%，温度 20℃，监视器上的灯亮着。

飞控中心："雪松，请放心，飞船一切正常！祝咱们成功！"

"东方-1"号以第一宇宙速度，28 000 千米/时的速度飞行。这是人类第一次以第一宇宙速度飞行，开创了速度新纪录。

地平线，云雾缭绕，迎面而来；高山峻岭、江河山川、五大洲四大洋，呼呼呼地一晃而过……地球，赤橙黄绿青蓝紫，绚丽多姿，唰唰唰地往后退，眼睛一眨瞬间就不见了。

加加林与地面通话

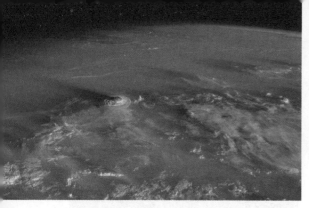

 从太空看地球　　　　　　　　 从太空看地球的夜晚

"东方-1"号在追赶地球，超越地球，更超越时空。

6时25分，"东方-1"号开始从堪察加半岛飞向南美洲南端，横渡太平洋。

6时37分，"东方-1"号飞越北太平洋，穿过夏威夷群岛西北部的夜晚。

6时48分，"东方-1"号在东南方向，横跨赤道，并开始横渡南太平洋。

6时49分，加加林报告说："我是雪松！我在地球的夜晚一侧。"

7时00分，"东方-1"号越过南美洲的最南端——麦哲伦海峡。加加林喝了水，吃了东西，将一支笔飘向空中，进行了失重等各种科学实验。他说："人类可以在太空生活！"

这时，莫斯科电台向全世界播报新闻：现在，苏联第一艘载人飞船——"东方-1"号正环球飞行，飞越您的头顶。

"东方-1"号的飞天像一颗大炸弹，顿时震撼了世界：人类进入太空了！人类开始太空航行！人类文明史上的奇迹！

7时10分，"东方-1"号通过南大西洋，再次进入地球白天的一边。

再飞行15分钟，飞船将点火，返回地球。

7时13分，加加林第四次发送飞船状态信息："我在飞船里感觉良好。咱们的飞船真厉害，就是有点儿挤。"

莫斯科回答："很好！飞行将很快结束。雪松，太空人，欢迎回到地球！"

7时25分，"东方-1"号自动系统调整飞船的姿态和方向，用于减速的制动火箭开始点火。

不久，在非洲西海岸的安哥拉附近高空，大约距离着陆点8 000千米，液体燃料发动机点火。

10秒后，"东方-1"号乘员舱与服务舱分离。此时，代号"小球"的乘员舱称为返回舱。谁也想不到，危险已经来临！返回舱与服务舱之间的一束电线连接在一起，飞船没有分离开。

大约 7 时 35 分，返回舱与服务舱开始再入地球，并且火焰喷射、强烈震动、疯狂旋转。加加林头昏脑涨，失去了方向。他不知道外面发生了什么。

当"东方-1"号返回舱与服务舱之间的电线烧掉后，返回舱与服务舱终于分离了。突然，返回舱停止了旋转，似乎时间也静止了。火焰和高温继续包围着返回舱。

加加林报告："现在，一切正常！"

在再入地球期间，加加林体验了大约 8g 的重力加速度。他呼吸困难，头脑疼痛，心脏急跳，血压升高，视力模糊，脸部变形，肌肉扭曲。这时，加加林仍保持神志清醒。

7 时 55 分，返回舱距离地面 7 千米时，弹射舱口打开。2 秒钟后，加加林弹出返回舱。在 2.5 千米高空，一顶漂亮的主降落伞打开。这些动作都要在高空中一气呵成。

8 时 05 分，加加林安全着陆了。他降落在萨拉托夫，距离计划着陆地点约 2 800 千米。非常幸运，加加林的两个密码，一个也没有用到。

加加林环绕地球一圈，飞行 108 分钟，成为第一个太空人。

"东方-1"号成为世界上第一艘环球飞行的飞船，也成为世界航天器、太空探索史上的一座重要里程碑。

苏联各个城市都举行了大规模的庆祝游行，规模堪比二战胜利游行。

加加林被授予苏联的最高荣誉——苏联英雄。他也成为国际名人，获得许多荣誉和奖章。1961 年 4 月 12 日，这个日子成为世界航天最伟大的纪念日。

1961 年 5 月 5 日，加加林飞天 22 天后，美国将"水星"号飞船和美国第一位宇航员谢泼德送上太空。

谢天谢地！多悬呐！如果没有伊

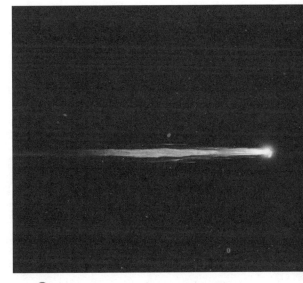

🔊 飞船再入地球，留下极速飞行的轨迹

俄罗斯航天博物馆的 "东方-1" 号返回舱和飞船原型

凡诺夫斯基，苏联将败于美国，世界载人航天的历史将改写。

科学的赌局，伊凡诺夫斯基赢了！

4.4 花环与梦想

"亲爱的女士们、先生们，我不是诗人、画家和歌唱家，但仍要赞美我们的家园——地球。我们有志气和能力让飞船飞上太空，为地球戴上太空花环。哦，使地球更加雍容华贵，仪态万方。"

这个拥有伟大宏愿，一天到晚天马行空、胡思乱想、胡言乱语，不像科学家却像精神病人的人是谁呢？他就是美国飞船之父——马克西姆·费格特。

费格特，1921 年 8 月 26 日出生于英属洪都拉斯的伯利兹城。在这片美丽的加勒比海岸上，玛雅人曾创造了灿烂的古代文明。

1939 年，费格特考入美国加利福尼亚州旧金山大学。1943 年，他又从路易斯安那大学获得机械工程学学士学位。大学毕业，费格特加入美国海军，当了三年潜艇兵。

他成天钻在狭窄拥挤、臭烘烘的潜艇里，将潜艇的原理、结构、性能、功能了解得清清楚楚。当费格特及时排除几次突发事故，连潜艇专家都惊讶不已。

一天，他接到一个电话："我是陆军航空兵司令阿诺德上将……你们海军司令推荐了你，请到兰利研究中心报到。"

这样，费格特作为潜艇专家，加入位于弗吉尼亚

⬆ 美国飞船之父——马克西姆·费格特

⬆ 美国宇航局兰利研究中心

州汉普顿的著名航空航天研究机构——兰利研究中心。

兰利研究中心拥有悠久的历史，庞大的科学团队和先进的科研设备。

1958 年，美国宇航局开始第一个载人飞行计划——"水星"计划。兰利研究中心负责"水星"号飞船研究。1962 年，兰利研究中心转移到载人飞船中心，即现在位于休斯敦的约翰逊航天中心。兰利研究中心承担美国宇航局三分之二的航空航天计划，利用超过 40 个风洞研究改进飞机和航天器的安全、性能和效率。

兰利研究中心是美国宇航局的 10 大航天研究中心之一。随着飞机和火箭研究的进展，兰利研究中心开始研究亚音速、超音速和高超音速飞行。兰利研究中心研发了开槽的飞机跑道，让飞机轮胎拥有更好的抓地力。现在，开槽飞机跑道成为世界上所有跑道的国际标准。

兰利研究中心取得了许多革命性的科学突破，不断地创造历史和很多世界第一，如：飞机超音速飞行、世界第一个超音速风洞、模拟月球重力场、"海盗"号

> 兰利研究中心，似乎耳熟吧？它以美国天文学家、航空先驱、物理学家、发明家——塞缪尔·兰利的名字命名。
>
> 1915 年，美国国家航空咨询委员会成立。1917 年，兰利航空实验室也成立了。

火星探测器、月球着陆器、"阿波罗"飞船登月舱、登月车等。它号称"太空航行，领先世界50年"。

当时，美国正与苏联冷战，急需高空侦察机和各种先进战机。美国空军和美国宇航局准备设计一种高超音速飞行器——火箭飞机。谁能又快又好地设计出最先进的战机呢？

为了实现更大的理想，费格特在兰利研究中心与几百位顶尖飞机设计师竞争首席设计师的宝座。费格特大刀阔斧，胆大心细，异军突起，两年时间就设计完成了"X-15"火箭飞机。北美飞机公司两年时间就建造了"X-15"火箭飞机。

"X-15"火箭飞机最快达到7 272千米/时，2.02千米/秒的速度。这是迄今为止飞机达到的最快速度。

美国认为：80千米以上空间为太空。美国空军8名飞行员13次驾驶"X-15"火箭飞机，到达80千米以上空间。美国宇航局向这8名飞行员颁发宇航员证书。

美国空军和美国宇航局极为佩服费格特：一个普通的机械工程师，一个懂潜艇的门外汉，竟然设计出世界上飞得最高、最快的飞机，简直不可思议。

1957—1981年，美苏两国共有5次太空竞赛：谁第一个发射卫星，谁第一个发射载人飞船，谁第一个登月，谁第一个发射空间站，谁第一个发射航天飞机。

1958年，美国第一颗卫星成功发射后，载人航天成为下一个目标。

美国宇航局估计：苏联的载人宇宙飞船也快上天了。美国的第一艘宇宙飞船又在哪里呢？为什么美国的宇航技术总是落后苏联呢？美国的第一艘宇宙飞船何时发射呢？美国如何赶上苏联呢？

为了尽早发射载人飞船，美国宇航局向各大科研

费格特进行高速摄影机拍摄飞机空气动力学试验（上）和飞机下降试验（下）

"X-15"火箭飞机

机构发出飞船设计的招标通告。

　　费格特满怀信心地毛遂自荐，表示自己是全才！不但懂飞机，还懂潜艇，还懂火箭……而且"大概需要30多名各个学科的工程师"就能造出飞船。

　　主任被惊得放下二郎腿，深邃的蓝眼珠紧紧盯着费格特的眼睛问道："你大约多长时间完成飞船设计任务？"

　　费格特皱起了眉头："时间嘛，这个问题很难回答。我想如果我们努力一点儿，一年半，500天，差不多……"

　　"什么？一年半？这也太快了！好像不太可能！"

　　"主任，放心吧！完全可能！我胸有成竹，你向上面报告吧！"

　　1958年10月7日，艾森豪威尔总统正式批准"水星"计划。费格特竞标成功，担任"水星"号飞船总设计师。他率领35名工程师组成一个太空小组，分头研究发射、速度、震动、超重、失重、身体、心理、医学、辐射、微流星、自动驾驶、人工驾驶、热屏蔽、重入地球、着陆……最难的是返回舱。返回舱选择了锥体。

　　真的！500天！"水星"号飞船全部完成：一面设计，一面建造，一面试验。麦克唐纳飞机公司制造了飞船。

　　1961年5月5日，美国"水星"号

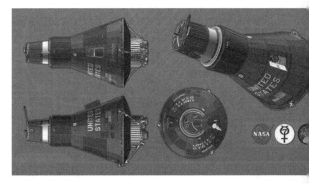

"水星"号飞船设计图

"水星"号飞船（黑色）与逃逸塔（红色）

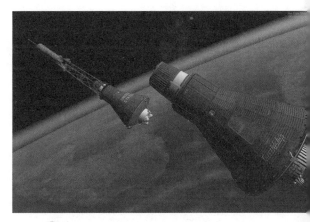

美国第一种飞船——"水星"号

89

"水星"号飞船为美国打开了一条通向太空的航线，费格特被称为"水星"号飞船之父。

费格特为后来的"双子星"飞船、"阿波罗"飞船、航天飞机也做出了巨大贡献。1969年7月20日，美国"阿波罗-11"号飞船第一个登上月球，迈出了人类探索月球的一大步！

2004年10月10日，马克西姆·费格特因病去世，享年83岁。

费格特墓碑上镌刻着这样的遗言：不为现在，只为将来！

在一个纪念碑上，"水星"号飞船奋勇向上，直指太空。

飞船和美国第一位宇航员艾伦·谢泼德飞上天，进行了第一次亚轨道飞行。

1962年2月20日，约翰·格伦搭乘"水星"号飞船飞上240多千米的太空，环球飞行三圈。美国第一次实现了轨道飞行。

"水星"号飞船飞上太空，为世界航天树立了一座里程碑，让美国人民激情澎湃。美国宇航局同事们将费格特一次次抛向空中。费格特禁不住泪流满面："我一直梦想为地球编制一个美丽的花环。现在，花环悬挂在地球上空，梦想实现了。我死而无憾了！呜呜呜……"

4.5 "神舟"起航

梦想在哪里？梦想在太空！

1993年6月，中国航天工业总公司（国家航天局）正式挂牌成立。从此，中国航天开始飞得更快，飞得更高，飞得更远。

这天，一个人特别高兴。他就是航天局局长、航天工业总公司总经理——

刘纪原。现在，刘纪原成为中国航天事业的领头人，他发誓要尽快研制出新火箭和好飞船，让中国航天员早日飞上太空，让五星红旗在太空中闪耀，让中国航天走向一片新天地。

可是，中国航天员要想飞上太空，必须有一枚大火箭，一艘好飞船。大火箭在哪儿呢？好飞船在哪儿呢？

刘纪原高瞻远瞩，运筹帷幄。他将一批最优秀的科学家集中到一起，中国航天科技开始攻克每一个难关。

在刘纪原的有力领导下，中国航天科技迅速发展，开始进入飞腾的时代。

当刘纪原信心百倍加油干的时候，灾难发生了：1995年1月26日，"长征-2E"火箭发射香港"亚太-2"号通信卫星失败；1996年2月15日，"长征-3B"火箭发射美国"国际-708"号通信卫星时，突然凌空爆炸；1996年8月18日，"长征-3"号火

"长征-2F"火箭发射"神舟"飞船瞬间

刘纪原，1933年8月1日生于山西兴县。他的父母都是中国老一辈革命家。父亲遇害时，刘纪原还没出生。为了永远纪念父亲，母亲与外祖父为他起了一个很有意义的名字：刘纪原。

新中国成立后，刘纪原到苏联莫斯科鲍曼高级工业学院留学，学习导弹自动控制。在学习期间，他总是第一个进入教室，最后一个离开教室，玩命学习。他说："我来这里读书非常幸运，必须努力。我要一天当两天用，多学点知识，报效祖国。"

1960年，刘纪原回到祖国，投身导弹事业，从事科学研究与管理工作，参与了"两弹一星"研制、"两弹结合"实验、"长征"运载火箭、"神舟"飞船、载人航天等重大国防和航天计划。

中国国家航天局第一任局长刘纪原

箭发射"中星-7"号通信卫星时，火箭发动机发生故障，卫星飞到半路，停滞不前，成为一个太空垃圾。

中国航天遭遇了前所未有的严峻形势。国外的卫星公司摇摇头提出："长征"火箭很娇嫩，我们不在中国发射卫星了。国际保险界提出："长征"火箭不安全，必须提高保险费用，不然我们要破产了。

在危难之际，刘纪原鼓励大家：失败乃成功之母。在飞向太空的征途中，到处都是困难、危险和陷阱，并不可怕。我愿与同志们一起熬夜，一起受罪，一起攻关……咱们撸起袖子，大胆干吧！

中国人是最聪明的！在最短时间内，航天专家终于研制成功了"长征-2F"等大型运载火箭。"长征-2F"是一种专门运送"神舟"飞船的火箭。它高大挺拔、威武壮观，号称"神箭"。

1999年11月20日，在酒泉卫星发射中心，一枚"长征-2F"运载火箭巍然挺立。

10、9、8、7、6、5、4、3、2、1，点火！

"神箭"喷射浓烈的火焰，呼啸而起。它拖着近百米长的火焰，发射升空，将中国第一艘试验飞船——"神舟-1"号飞船送入太空。

"长征-2F"火箭由中国运载火箭技术研究院研制。此后，"长征-2F"火箭共计发射了11艘"神舟"飞船、"天宫一号"目标飞行器、"天宫-2号"空间实验室，全部成功。

这时，日夜魂牵梦绕、心驰神往中国航天的刘纪原，开心地笑了。

中国"神箭"成功了！同时成功的，还有"神舟"。说到"神舟"，不得不提另一个人。这就是1933年4月26日，出生在辽宁省瓦房店市的中国飞船之父——戚发轫。

1957年，戚发轫从北京航空学院（现在的北京航空航天大学）毕业后，分配到研制导弹和火箭的国防部第五研究院工作（国防部第五研究院的院长是钱学森）。

不久，戚发轫被选派到世界著名的苏联茹科夫斯基航空军事工程学院，学习先进的航空技术。1967年，经过聂荣臻元帅批准，戚发轫调入号称中国的航天器摇篮的中国空间技术研究院。从飞机到导弹，戚发轫参加了"两弹一星"和"东风"导弹、"长征"火箭等的研制。他担任过"东方红-3"号卫星等的总设计师,后任中国空间技术研究院院长。

1992年,"神舟"飞船开始研制。"神舟"飞船总设计师戚发轫从卫星到飞船。他雷厉风行,大刀阔斧,勇往直前,指挥研制"神舟"飞船,一派大将风度。

🚀 中国飞船之父——戚发轫:飞船的灵魂和精神

"神舟"飞船,多好听的名字。可中国航天专家只从照片和资料上知道一点儿飞船的情况。飞船到底什么样?有哪些结构,哪些系统,各具有什么功能?一切都模模糊糊。

中国载人航天工程是一项庞大、复杂和尖端的系统工程,也是中国继"两弹一星"工程之后的又一项伟大工程。许多航天专家注定将贡献毕生的心血和智慧。

🚀 中国"神舟"号飞船

怎么办?在中国空间技术研究院的大会上,戚发轫说:"现在,我们是一穷二白,没有资料,没有技术,没有材料。我们只有为国争光的信心、载人航天的决心和奇思妙想的智慧。人家苏联、美国能研制出飞船,我们为什么不能?我们要用智慧战胜困难,一定造出中国飞船!"

世上无难事,只怕有心人!

航天专家们群策群力,将中国载

从某种意义上说,地球人都是宇航员、太空旅行者,都在航天,都在太空飞行。

人类的宇宙飞船就是地球,飞行速度约30千米/秒,108 000千米/时。

因为技术原因,宇宙飞船至今最远到过月球,还没有飞出太阳系。

但科学家们设想了各种更快、更先进的宇宙飞船,如:核动力飞船、太阳帆飞船、等离子体飞船、激光飞船、超导飞船、正电子飞船、反物质飞船、量子飞船、光子飞船等。人类梦想用速度追赶时间,用科技战胜遥

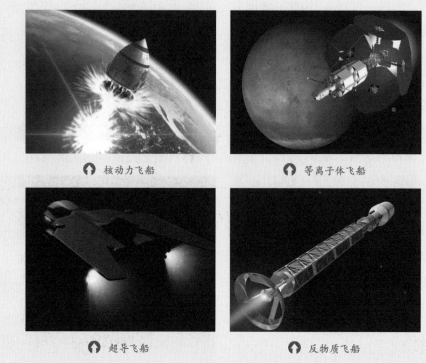

↑ 核动力飞船　　　　　　↑ 等离子体飞船

↑ 超导飞船　　　　　　　↑ 反物质飞船

远，总有一天，人类会飞向更远的深空。

　　人类已经启航，飞往月球、火星和小行星，建设空间站、太空城，甚至想能在太空中极速旅行，欣赏宇宙的奇观，探索宇宙更多的奥秘。

人航天工程分为：飞船系统、火箭系统、发射场系统、测控通信系统、着陆场系统、航天员系统、飞船应用系统等。研究人员各负其责，攻克难关。

　　在航天专家的共同努力下，"神舟"飞船的设计越来越完美，渐渐演变成为一艘真正的飞船。

　　戚发轫围着"神舟"飞船，一遍一遍地观看，就像欣赏自己的孩子。

　　1999 年 11 月 20 日，中国第一艘试验飞船——"神舟-1"号终于飞上了太空。

　　2003 年 10 月 15 日，"神舟-5"号飞船将中国第一位航天员杨利伟送入太空，环绕地球飞行。中国成为世界上第三个能够独立研制飞船和载人航天的国家。

　　"神舟"已经起飞，月球和火星还会远吗？

第5章 宇宙航行

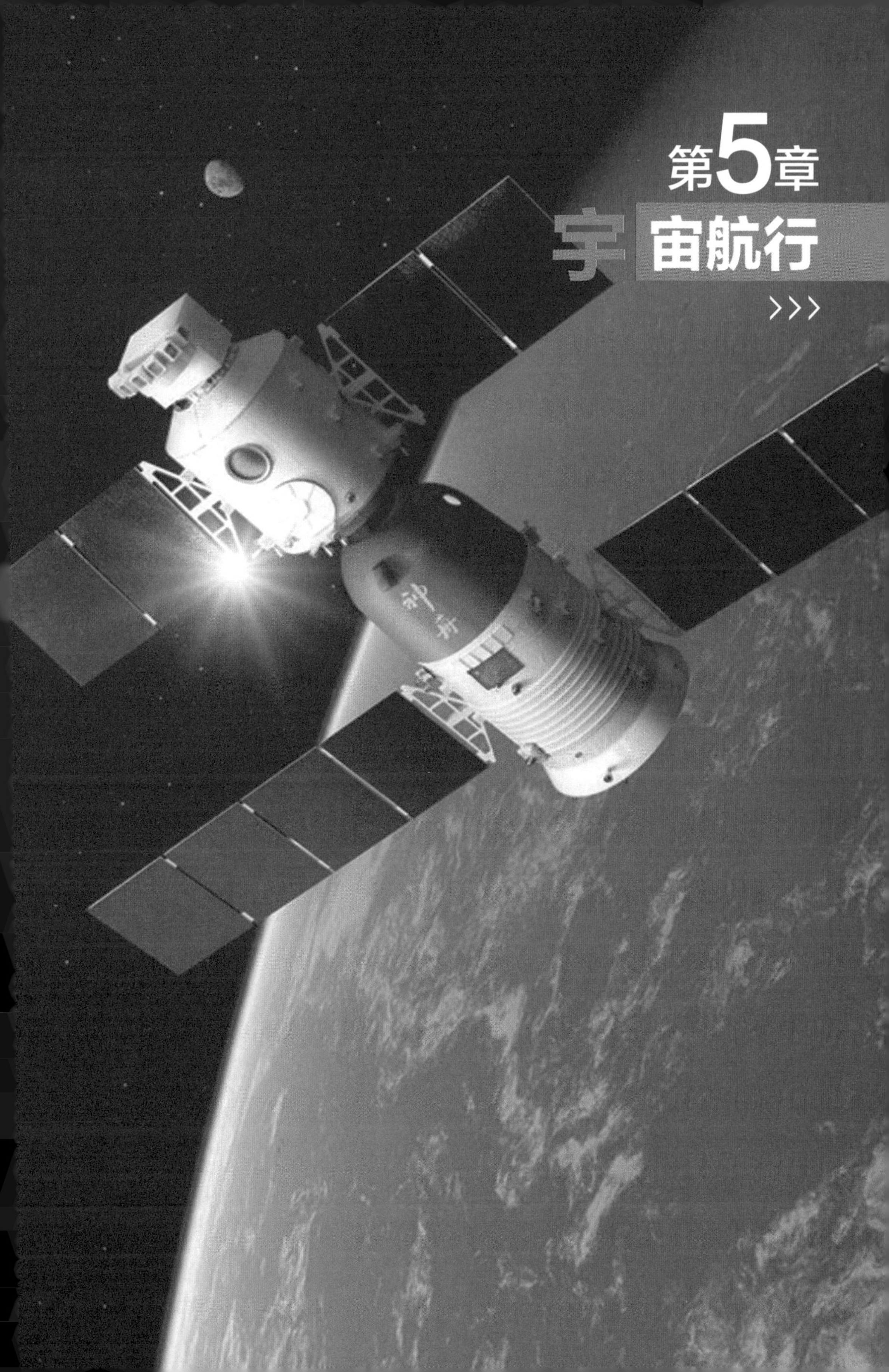

如果你想乘坐飞船，翱翔在天地之间，体验速度与激情；如果你想乘坐飞船，俯瞰地球的良辰美景，顺便抚摸一下太空的感觉；如果你想乘坐飞船，仰望浩瀚的宇宙，飞向美好的未来……现在，咱们就打点行装，挑选飞船，马上出发！

5.1 太空野马

一个奇妙的星际精灵，激荡华丽与神奇。

一次浪漫的疯狂游戏，见证科技与智慧。

载人飞船，号称天使的翅膀。一艘载人飞船好不好，主要看这几个指标：安全性、可靠性、飞行次数、乘员数量、飞行天数、对接时间。

苏/俄的"联盟"号飞船是世界上最安全、最可靠，飞行次数最多的飞船。

"联盟-MS"飞船是俄罗斯最新载人飞船，号称太空野马。目前，"联盟-MS"也是通往国际空间站的唯一客运航班。美国宇航局宇航员也是搭乘它往返国际空间站的。

"联盟-MS"飞船能乘坐3名宇航员，可独立飞行30天，能在国际空间站停靠200天。飞船可以自动控制飞行，也可由宇航员独立操作飞行。它的头部有一个自动对接系统，可以对接空间站，也可以对接飞船。

🎧 "联盟-MS"飞船：浑身高科技

"联盟-MS"飞船作为国际空间站运送宇航员

的主要交通工具。它具有快速对接、
安全对接的功能和技术。一般情况下，
一艘飞船若要对接空间站，往往要环
绕地球飞行 2~3 天，瞄准机会才能对
接。"联盟–MS"飞船只需 2 小时，飞
上太空，环绕地球转一圈，就能与国
际空间站对接。

服务舱

指令舱

轨道舱

⬆ "联盟"号飞船的内部结构

　　"联盟–MS"飞船质量 7.15 吨，全
长 7.48 米，最大直径 2.72 米；内部空
间 10.3 立方米。它载有推进剂 880 千克，太阳能帆板翼展 10.7 米，面积 10 平
方米。

　　"联盟–MS"飞船包括：轨道舱、指令舱和服务舱。

　　轨道舱：质量 1 370 千克，长度 2.98 米，直径 2.26 米，内部空间 5 立方
米。轨道舱是宇航员工作和生活的地方，分为工作区和生活区两部分。它还包
含一个卫生间、对接电子设备和通信设备。轨道舱的前端有一个对接舱口。宇
航员可以通过舱口进出空间站。

　　指令舱：返回地球时称为返回舱，质量 2 950 千克，长度 2.24 米，直径
2.17 米，内部空间 3.5 立方米。指令舱供宇航员入轨、对接、返回时使用，装
有控制系统、减震座椅、降落伞系统和软着陆反推发动机。它的表面覆盖了防

⬆ "联盟–MS"飞船头部的"角"——对接雷达

⬆ "联盟–MS"飞船对接国际空间站

热层，能抵御 1 500℃以上高温。在距离地面 1 米时，反推发动机点火，喷射火焰，进行软着陆。

服务舱：质量 2 900 千克，燃料 880 千克，长度 2.26 米，直径 2.72 米。服务舱是非密封舱，安装了推进、姿态控制、温度控制、电力供应、无线电通信、无线电遥测、导航和控制仪器等系统。外部有导航系统的传感器和太阳能帆板。

2016 年 7 月 7 日，俄罗斯一艘新飞船——"联盟-MS-1"号从哈萨克斯坦的拜科努尔航天中心成功升空。它运送三名"远征-48"科考队成员：俄罗斯指挥官阿纳托利·伊万尼申，日本宇航员、飞行工程师大西拓哉，美国女宇航员、飞行工程师凯瑟琳·鲁宾斯到国际空间站。美、日宇航员每位的"船票"大约 8 000 多万美元。

这是"联盟-MS"飞船的第一次飞行，也是"联盟"号飞船的第 130 次飞行。飞船在环绕地球飞行了一圈半以后，就瞄准国际空间站。2.5 小时后，"咔嚓"一声，飞船与国际空间站成功对接。

当飞船对接到国际空间站时，凯瑟琳·鲁宾斯成为第 60 位在太空中飞行的女宇航员。她是一位生物学家，后来成为美国宇航局宇航员，在太空飞行了 115 天 2 小时 22 分。2016 年 8 月，鲁宾斯成为第一个在太空研究 DNA 序列的科学家。她利用 DNA 排序器，确定了老鼠、大肠杆菌和噬菌体病毒的 DNA 序列。

俄罗斯指挥官伊万尼申（左）、美国女宇航员凯瑟琳·鲁宾斯（中）和日本宇航员大西拓哉（右）

鲁宾斯的科学目标是：人类能在太空进行脱氧核糖核酸测序，并提供证据。这项技术能够监测微生物和人类在太空飞行的反应和变化。未来，太空DNA 测序将检测宇宙中的 DNA 基础生命，发现宇宙生命，意义重大。

凯瑟琳说："'联盟-MS-1'号太爽了。它就像一匹太空野马。我喜欢当太空牛仔。"

好花不常开，好事不常在。"联盟"号飞船也有马失前蹄的时候，可能会吓着你……

还有更惊心动魄的时刻！

2018 年 10 月 11 日，俄罗斯的"联盟–FG"火箭发射"联盟 MS–10"号飞船，准备将俄罗斯宇航员阿列克西·奥夫奇宁和美国宇航员尼克·海格送往国际空间站。"联盟 MS–10"号是"联盟"号飞船的第 139 次飞行。

世界标准时间 8 时 40 分，飞船起飞几分钟后，宇航员报告感到失重！飞控中心立刻宣布：火箭故障！第一、二级火箭分离时发生碰撞。在 50 千米的高度，火箭偏离了标准轨道。第二级火箭的下部解体了。飞船和火箭正在坠落。

飞控中心宣布：飞船与火箭紧急分离。飞控中心马上启动逃逸塔弹射，以弹道轨道返回地球。"啪"的一声巨

俄罗斯宇航员阿列克西·奥夫奇宁（右）、美国宇航员尼克·海格

响，逃逸塔与火箭分离，弹射飞出 40 千米，随后打开降落伞和反推火箭。在此期间，宇航员经历了大约 6~7g 的重力加速度，成功着陆。这次火箭坠毁发生在大约 50 千米高度，飞船到达 93 千米高度的远地点，在发射 19 分钟 41 秒后安全着陆。

8 时 55 分，搜救队起飞，来到距离发射场 402 千米，哈萨克斯坦耶兹卡

"联盟–FG"火箭爆炸

"联盟 MS–10"号飞船紧急着陆，宇航员感觉良好

逃逸塔

如果飞船和宇航员在火箭发射中发生故障或失败，怎么办？

请别担心！科学家早就设计好一种救命的宝贝——逃逸塔。

逃逸塔，又称逃逸火箭、逃逸系统，是宇航员逃离事故现场的救生系统。它可分为自动控制和人工控制。

在载人火箭的顶部，都安装了一个逃逸塔。如果火箭发射时发生意外和危险，宇航员就利用逃逸塔救生。逃逸塔是在发射台到低空时段的一种有效救生手段。它利用乘员舱作为救生舱，利用逃逸发动机将乘员舱发射到一定高度，再打开降落伞着陆。

逃逸塔的主要任务是在火箭起飞前900秒到起飞后120秒时间段内，也就是飞行高度在0~39千米时发挥救生功能。万一火箭发生故障，它可以带着轨道舱和返回舱，与火箭分离，并降落到安全地带，让宇航员脱险。

逃逸系统的构成非常复杂。它由五种发动机等组成：逃逸主发动机、分离发动机、偏航俯仰发动机、高空逃逸发动机和高空分离发动机。前三种发动机负责39千米高度以下，也就是火箭从点火到飞行120秒时的逃逸。后两种发动机负责在39~110千米高度内，即火箭飞到120~200秒时的逃逸。

"联盟"号飞船的结构

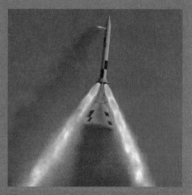

逃逸塔带着乘员舱，脱离火箭，飞向远方

早在1983年9月26日，"联盟T-10-1"飞船在发射倒计时，发生故障，大火摧毁火箭。两名飞控人员同时启动逃逸塔。逃逸塔瞬间点火，弹射到3千米外。在火箭爆炸前2秒钟，两名宇航员死里逃生。

兹甘以东20千米的地方。不久，搜救队找到已经着陆的宇航员和返回舱。在大约25分钟后，美国宇航局宣布与奥夫奇宁和海格保持联系。美国宇航局电视台播放了宇航员在耶兹卡兹甘机场接受医学检查、身体健康的照片。

真是惊心动魄的时刻！这是苏/俄和世界航天第二次动用逃逸塔。这也是自 1983 年 9 月 "联盟 T-10-1" 号飞船在发射台上爆炸以来，俄罗斯 35 年来首次发生载人火箭事故，震撼世界。

5.2 飞天神舟

中国的载人飞船有一个好听的名字——"神舟"。"神舟"飞船由轨道舱、返回舱、推进舱构成。必要时可以增加一个附加段。

轨道舱是航天员的生活舱，又是太空飞行期间的试验舱和货舱。轨道舱是一个圆柱体，长 2.8 米，最大直径 2.27 米，舱内温度在 17~25℃之间。

轨道舱位于飞船的前段，外形呈两端带有锥角的圆柱体，前面与太空对接机构连接，后面与返回舱相通。轨道舱前端的自动式对接机构，具备自动和手动交会时对接与分离功能。轨道舱两侧安装了一对太阳能帆板，宽 2 米，长 3.4 米，提供 0.5 千瓦以上电力。

返回舱是航天员的驾驶舱，用于重返大气层，安全降落地面。它位于飞船的中段，外形呈钟形，直径 2.5 米，内部空间约 6 立方米，可乘坐 3 名航天员。航天员的座椅下方设有仪表盘和控制手柄、光学瞄准镜。"神舟"飞船的返回舱是目前世界上可利用空间最大的返回舱。

推进舱又称仪器舱、服务舱，

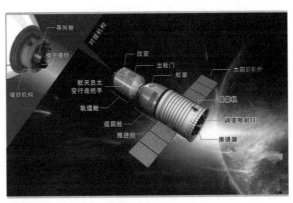

"神舟"飞船结构

⬆ "神舟"飞船凝聚着科技、智慧和力量，也体现了勇气、辉煌和豪迈

⬆ "神舟"飞船经天纬地，闪亮太空，飞越时空

位于飞船的后部，外形为圆筒状。它长 3.05 米，直径 2.50 米，底部直径 2.80 米。推进舱装有 4 台主发动机和姿态控制发动机，用于飞船的姿态控制、变轨和制动，为飞船提供电力。它还安装了动力推进、电源、轨道制动等设备，并存储了氧气和水。

推进舱两侧安装了一对主太阳能帆板，宽 2 米，长 7.5 米，产生 1 千瓦以上电力。当飞船运行在地球的阳面，太阳能帆板接收阳光，产生电力储存在电池阵列里。当飞船运行在地球的阴面，太阳能电池阵列就提供电能，照亮飞船。

附加段也称为过渡段，是将来与另一艘飞船或空间站交会对接的舱段。在载人飞行及交会对接前，它也可以安装各种科学仪器，用于太空探测。

"神舟"飞船长约 9 米，最大直径 2.8 米。根据任务不同，"神舟"飞船装载的科学仪器也不同，质量在 7.8~8.2 吨。

"神舟"飞船系统分为 13 个分系统：结构与机构、热控、电源、制导导航与控制、数据管理、推进、测控通信、回收着陆、环控生保等。飞船上装载了 600 多台设备，输入了 82 个软件及 40 余万条语句等。

为了航天员的安全，"神舟"飞船安装了故障自动检测系统和逃逸系统。科学家设定了几百种故障模式，一旦发生任何危险立即自动报警。即使在飞船升空一段时间之后，航天员也能通过逃逸火箭逃生，脱离险境。

在飞船升空时，航天员穿着太空服躺在指令舱的座椅上，忍受超重的痛苦。当重返大气层时，航天员穿着太空服躺在返回舱里的座椅上，默默忍受失重和黑障区的恐怖。返回舱的四周，特别是底部，安装了很厚的热防护层，能抵御进入大气层时产生的高温。返回舱的钟形造型有利于在重返大气层时获得一定的气动升力，达到减速的目的。

1999 年 11 月 20 日，"神舟-1"号试验飞船发射成功。后来的 3 年内，中国又连续发射 3 艘"神舟"无人飞船，进行了大量模拟载人飞行和科学实验。科学家们在飞船上进行了微重力环境下太空生命科学、太空材料、太空天文和物理等领域的实验。

2003 年 10 月 15 日，中国第一位飞天的航天员杨利伟搭乘"神舟-5"号飞船升空。他在太空围绕地球飞行了 14 圈，共计 21 小时 23 分。这是中国太空飞行零的突破！中国成为世界上第三个拥有载人飞船的国家。

目前，中国共计发射了 11 艘"神舟"飞船，全部成功。"神舟"飞船都是从酒泉卫星发射中心搭乘"长征-2F"运载火箭升空。返回舱都在内蒙古中部草原四子王旗着陆。中国已经基本掌握了飞船技术、载人航天技术和太空飞行器交会对接技术等。

"神舟"飞船下一个目标：月球！

5.3 神奇 "猎户座"

告别月球 50 多年了！何时重返月球？ 21 世纪初，美国秘密制定了一个"星座"计划，准备重返月球。美国宇航局研制了一种比"阿波罗"飞船更大、更先进的新飞船。这种新飞船是一种多用途载人飞船，将搭载 4~6 名宇航员。

新飞船有一个啰里啰唆的名字，还严格保密。美国宇航局原计划在 2006年 8 月 31 日公布新飞船的名字。

2006 年 8 月 22 日，国际空间站上的美国宇航员、"远征-13"科考队的杰夫·威廉姆斯正在向地球举行新闻发布会。

　　这位海军上校风趣幽默、妙语连珠，无意或有意间漏了一句："你们知道美国新飞船的名字吗？哦，不知道！我告诉你们吧！它叫——猎户座。"

　　这个消息瞬间传遍世界，美国宇航局措手不及。"猎户座"，这个名字非常有气魄，比原来的什么"载人探索飞行器"要好听也霸气多了。于是，两天后的8月24日，美国宇航局只得宣布新飞船的名字叫——"猎户座"。

　　"猎户座"飞船由指令舱和服务舱组成。飞船高度约3.3米，直径5米，加压舱19.56立方米，内部空间8.95立方米。指令舱呈锥体，可重复使用，质量10.387吨；服务舱为圆柱体，质量15.461吨；服务舱的推进剂质量9.276吨；总速度增量约1 340米/秒。最多太空飞行时间21.1天。

　　"猎户座"飞船质量大约25吨，小于"阿波罗"指令舱和服务舱30吨的质量，但指令舱的质量比"阿波罗"指令舱多了5.8吨。指令舱的直径5米，"阿波罗"指令舱3.9米。"猎户座"指令舱的体积比"阿波罗"指令舱大2.5倍。最初，服务舱的燃料为液氧、甲烷。

　　"猎户座"飞船采用各种先进技术，包括源于"波音−787"梦幻飞机的数字控制系统——"玻璃驾驶舱"。它的外壳采用航天飞机外部燃料箱的铝锂合金；防热材料采用硅纤维和树脂组成的蜂窝玻璃纤维和酚醛树脂；降落伞利用"阿波罗"飞船和航天飞机固体火箭助推器上使用的降落伞。

　　"猎户座"飞船的科学目标是：超越地球轨道，飞往空间站、月球、小行星和火星，促进人类太空探索。

美国新型多用途载人飞船——"猎户座"　　　　"猎户座"飞船与逃逸火箭

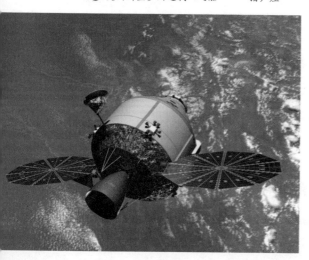

为了让"猎户座"飞船与其他航天器交会对接，它配备了万能的对接系统。发射逃生系统采用玻璃纤维的"增强保护盖"，以保护飞船符合空气动力学和冲击应力。逃生系统在上升和再入时，比航天飞机更加安全。

为了让"猎户座"变成百变神通，飞船的所有部件都被设计成模块化，尽可能互相通用，就像变形金刚玩具一样。在火星航行之前，"猎户座"可以随着新技术的出现而迅速升级。

"猎户座"飞船是个混血儿。它的指令舱由洛克希德·马丁公司设计，位于新奥尔良州的米修德装配厂建造。服务舱由欧洲太空局设计，欧洲空中客车防御与太空公司建造。2006—2015年，"猎户座"计划已经花费了125亿美元。

2014年12月5日，"猎户座"飞船搭乘"德尔塔-4"重型火箭，进行首次无人发射试验。它飞行了4小时24分，达到5 800千米高度和8.9千米/秒速度，测试了隔热盾、降落伞、抛弃组件和计算机。返回舱溅落在太平洋中间，非常成功。

2019年春天，美国宇航局将登月计划命名为"月神"计划。美国宇航局一天到晚老是哭穷。美国总统特朗普这次十分豪爽：2020年，给你们226亿美元，加快登月计划和火星计划。钱多好办事！美国宇航局为"猎户座"飞船制定了宏伟计划，订购了12艘"猎户座"飞船。

↑ "猎户座"飞船飞往国际空间站

2020年下半年，"猎户座"飞船原计划将进行一次无人飞行。它搭乘"太空发射系统-1"超重型火箭，从肯尼迪航天中心升空，飞往月球轨道，执行26~40天的环月飞行任务，然后返回地球。

2022年，"猎户座"将进行第一

↑ "猎户座"飞船飞临月球（想象图）

2000 年前，科学家认为直径最大的小行星是"谷神星"，其实在柯伊伯带的许多小行星直径都比"谷神星"大。2000 年，科学家发现"瓦努那"小行星，它的直径为 900 千米；2002 年，发现"夸欧尔"小行星，它直径为 1 280 千米；2003 年，发现"塞德娜"小行星，其直径约为 1 500 千米；2004 年，科学家发现的"厄尔古斯"小行星，其直径可能达到 1 800 千米。

2018 年为止，科学家在太阳系内共发现了约 127 万颗小行星。这只是小行星中的一小部分，这些小行星都很小，只有少数小行星的直径大于 100 千米。

科学家认为小行星种类繁多，神秘莫测，隐藏着氨基酸等最原始的生命分子，是最珍贵的太空标本，有助于破解宇宙奥秘和生命起源等重大课题。

➡ "猎户座"飞船飞往火星（想象图）

次载人飞行，停靠国际空间站，进行一次登月彩排。2024 年，"猎户座"飞船将搭载 4 名宇航员，从地球出发，经过国际空间站，飞往月球，执行 8~21 天的探月任务。

2030 年，"猎户座"将从地球出发，经过国际空间站，借助月球引力，飞向小行星和火星。

人类第一次捕获小行星、登陆火星的大戏即将拉开大幕！

5.4 龙骑士

"我要飞向月球，干一杯庆功酒；还要飞向火星，建造火星城！"

这是美国航天奇才埃隆·马斯克说的。他从一个穷小子，靠个人奋斗成立美国太空探索技术公司，成为航天领域屈指可数的大老板。

10 年内，马斯克成为世界上第一位建造和发射各种"猎鹰"火箭和"龙"

号货运飞船，回收火箭和飞船重新发射的老板。马斯克还要发射卫星、宇宙飞船、太阳帆和太空飞机，最终目标是登陆火星。马斯克豪情万丈地说：10 年内载人登月不在话下，并已制定登陆月球、远征火星的计划。

马斯克：想象力能改变世界和人类

马斯克花了两年时间，先研制了第一种货运飞船——"龙"号。从 2012 年 5 月 22 日到 2019 年年底，"龙"号货运飞船一共发射了 20 艘，只有一艘失败。"龙"号飞船浑身上下洋溢着高科技的基因。

2010 年，美国太空探索技术公司开始研制第二代飞船"龙-2"号载人飞船，又名"龙骑士"。

"龙骑士"飞船的科学目标是：向国际空间站运送乘员和货物、太空旅游，以及发射卫星和运送卫星，甚至飞往月球、火星和小行星。马斯克豪迈地宣布："龙骑士"飞船是老百姓的飞船。老百姓的太空旅游开始了！

"龙骑士"飞船，商业载人飞船的第一个里程碑。

新飞船什么样呢？"龙骑士"载人飞船，最多搭乘 7 名乘员。它净质量约 9.525 吨，发射质量 12.055 吨，高度 8.1 米，直径 4 米，侧壁角度 15°，最大加压内部空间 9.3 立方米，不加压内部空间 12.1 立方米。

"龙骑士"的运载能力很强，到国际空间站运载能力为 6 吨，返回地球时可运载高达 3 吨的废物和垃圾。推进剂为四氧化二氮和一甲基联氨。"龙骑士"设计寿命 2 年，并能重复使用 10 次；自由飞行 1 周，停靠空间站可达 2 年。

"龙骑士"飞船外形（左）及内部（右）

🔘 "龙骑士"飞船着陆试验

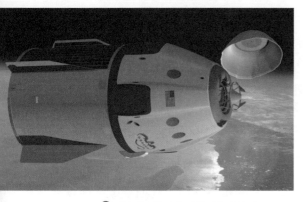

🔘 "龙骑士"飞船对接国际空间站

"龙骑士"的推进器很威猛：8 台超级德拉科发动机，负责推进飞船。它们被称为"喷气背包"，按两台一组的方式放在飞船四侧。18 台德拉科机动发动机，负责调整飞船的姿态。

"龙骑士"载人飞船与"龙"货运飞船有很大不同。它的太空舱里面安置了 7 个舒适的座椅。它四侧安装的推进器，可以作为发射逃逸系统或推进着陆系统。"龙骑士"具有更大的舷窗，新的飞行计算机和航空电子设备，以及重新设计的太阳能帆板。

"龙骑士"，载人飞行的勇士！

飞船的安全性和可靠性怎么样呢？科学家介绍，他们为"龙骑士"设计了最完美的造型。在重新进入地球时，"龙骑士"的重力加速度为 3.5g。这比一般飞船减少了一半，普通人都可以承受。

当返回地球时，"龙骑士"飞船利用自身配备的 8 台反推发动机抗衡地心引力，像直升机那样慢慢地软着陆，也可以在海上平台降落。"龙骑士"不用降落伞+反推火箭降落，而是采用反推火箭，在着陆的最后一秒钟喷射火焰和气体，安全降落。

现在，其他国家的火箭、飞船都是飞行一次就报废了。全世界只有美国太空探索技术公司掌握了火箭回收、飞船回收技术和重复使用技术。"龙骑士"飞船最大的优势是：可重复使用至少 10 次。

2014 年 5 月 29 日，在加利福尼亚州霍桑的美国太空探索技术公司总部，"龙骑士"飞船向公众展示。2015 年 6 月，"龙骑士"飞船仿真火箭发射失败，飞船安全回收，完成了发射中止试验。2015 年 11 月 24 日，"龙骑士"飞船进行了悬停试验。

2019 年 3 月 2 日，"龙骑士"飞船首次飞行。一个塑料做的假人坐在 1 号座位上，试验飞行。飞船进入高度 400 千米，51.6°的圆形轨道。它慢慢靠近国际空间站，进行前进后退、左右移动等飞行。当飞船的激光十字线与国际空间站的激光十字线对准，"龙骑士"自动对接，非常精准，试验成功。

美国宇航局与马斯克签署了一份合同："龙骑士"飞船将执行 6 次载人飞行任务，前往国际空间站。2020 年 5 月 30 日，第二艘"龙骑士"试验飞船搭载美国宇航局宇航员罗伯特·本肯和道格拉斯·赫尔利，搭乘"猎鹰-9"号火箭从肯尼迪航天中心发射升空，飞往国际空间站，进行为期 14 天的试验飞行任务。

这是美国自 2011 年航天飞机退役后，首次使用国产火箭和飞船从本土将宇航员送往空间站，也是商业载人航天迈出的关键一步。

2020 年 8 月 2 日，"龙骑士"试验飞船离开国际空间站，搭载两名美国宇航员启程返回地球。3 日，飞船成功重返地球，两名宇航员成功自主出舱。

2020 年 11 月 16 日，"龙骑士-1"号飞船搭载 3 名男宇航员和 1 名女宇航员飞赴国际空间站。这是世界上第一次一艘飞船搭乘 4 名宇航员飞天，非常值得庆贺。

"这一天预示着太空探索的新纪元。这就是一切。"飞船返回后，马斯克演讲时兴奋地说，"这仅仅是个开始！我们还期待着未来前往月球和火星的任务。"

"你想到月球旅游吗？"2017 年，埃隆·马斯克透露：不久的将来，"龙骑士"飞船将搭乘第一批太空游客，进行月球观光旅行。太空游客将飞掠月球表面，旅行一周时间，自由返回地球。月球旅游费用大约每位 7 000 万美元。游客姓名，保密！

2018 年 9 月，埃隆·马斯克慷慨地宣布："月球旅行团成立了！"日本亿万富翁前泽友作出资，组建了一个月球旅游团，名为"亲爱的月球"计划，进行太空探索。2023 年左右，"龙骑士"飞船将运载前泽友作和 6~8 位艺术家前往月球旅行 6 天，并返回地球。

这将是商业载人飞船的又一个里程碑。

5.5 飞越星际线

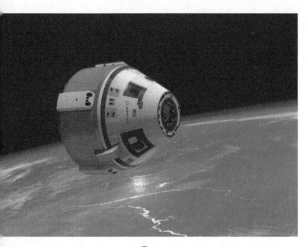

"星际线"飞船

"星际线"飞船返回舱

前方就是星际线,飞船在哪里?

美国波音公司一直嚷嚷自己不但能造世界上最好的飞机,也能造世界上最好的飞船。2010年,波音终于秘密设计建造好"世界上最好的飞船"。

一天,美国本杰罗宇航公司首席执行官罗伯特·本杰罗到访美国波音公司。他眉飞色舞地说:我们早就发射了几座充气式空间站。这些空间站能像鲜花一样,在太空开放。这种充气式空间站,就是一座太空酒店,十分优雅。我们欢迎波音公司的飞船运送太空游客,下榻太空酒店。

波音公司老板十分高兴:哦!我们的飞船又多了一条挣钱的门路。于是,将飞船的秘密告诉了本杰罗。2010年6月,本杰罗向公众透露了波音公司飞船的名字——"星际线"。"星际线"的意思是飞船能飞向各大行星。

"星际线"飞船,代号为"CST-100"。字母 CST 代表 Crew Space

Transportation，意思是载人太空运输。数字 100 代表 100 千米，意思是超越 100 千米的卡门线。"星际线"飞船的主要科学任务是：运送宇航员到国际空间站和私人空间站。

美国宇航局宇航员克里斯·弗格森试穿了"波音蓝"太空服。波音的"星际线"飞船将作为美国宇航员的私人太空出租车

"星际线"飞船类似于"猎户座"飞船。它质量 13 000 千克，最大直径 4.56 米，长度 5.03 米，内部空间 11 立方米；能自由飞行 60 小时，在空间站停靠 210 天。

"星际线"飞船采用美国宇航局的对接系统，使用波音的轻型烧蚀器作为隔热板。它的太阳能电池将提供超过 2 900 瓦的电能，将被放置在位于底部的微型流星体碎片防护罩的顶部。

"星际线"飞船将搭载 7 名宇航员，能够在轨道上执行长达 7 个月的任务，并能重复使用 10 次。"星际线"可适应多种火箭发射，如"宇宙神–5""德尔塔–4""猎鹰–9"号和新火箭"火神"号等。

美国波音公司铆足了劲，争取赚到第一桶金。2019 年 12 月 20 日，第一艘"星际线"无人飞船——"星际线–1"号搭乘"宇宙神–5"号火箭，从佛罗里达州卡纳维拉尔角空军基地 SLC–41 发射台发射升空，进行第一次飞行任务。"星际线–1"号计划进入高度 400 千米，轨道倾角 51.6°的圆形轨道，对接国际空间站。

飞船里一个假人约翰逊戴着红头巾，正儿八经地坐在座位上唱歌。它的身上装满了各种测量仪器。飞船还给国际空间站带去了大约 275 千克的食品、科研仪器。它返回地球时，将带回一批重要的研究样品。

当飞船刚刚突破卡门线，准备飞往国际空间站时，飞控人员报告：糟糕！飞船突然乱飞！原来，飞船的定时器失灵，发出错误指令。发动机提前点燃，喷射火焰，偏离了正常轨道。

"星际线–1"号的圆形轨道最后变成近地点 186 千米、远地点 216 千米的椭圆形轨道。令飞控人员最头痛的是：飞船上的燃料几乎耗尽，不可能飞到国际空间站，只会变成太空垃圾。幸好，返回舱成功地降落在白沙太空港。

一次追求完美的飞行，就这样稀里糊涂玩完了。波音公司痛定思痛，精确检查。2020年上半年，波音公司在新墨西哥州白沙太空港进行了"星际线"载人飞船降落测试，以证明飞船的着陆系统在动态中止和模拟主降落伞故障情况下表现良好。这次测试是波音公司和美国宇航局补充计划的一部分，目的是为测试"星际线"载人飞船的可靠性。

2021年6月，"星际线"号飞船将进行第一次载人发射。2男一女3名宇航员将进驻国际空间站。好戏即将开始！

 # 5.6 火星飞船

为什么火星常常"变脸"？为什么火星总是闪耀迷人的光芒？

为什么火星上到处分布大量的冰？为什么火星大峡谷存在激流流淌的痕迹？

火星上存在生命吗？人类能否移居火星？

2011年，美国宇航局艾姆斯研究中心与美国太空探索技术公司制定了一项宏伟计划：派遣火星飞船，前往红色星球——火星，寻找生命存在的证据。

美国太空探索技术公司的"龙"号飞船往返国际空间站，非常成功。如果将"龙"号飞船的优良基因遗传给火星飞船，既简单又省钱。"龙"号飞船可以执行所有的进入、下降和着陆，在火星表面能自动降落，不使用降落伞。

为什么"龙"号飞船不使用降落伞就能着陆呢？"龙"号飞船的下面安装了4对8台超级德拉科推进器。当飞船以超音速速度下降，进入火星，在着陆前最后一秒时，推进器点火。它们喷射烈焰和气体，产生巨大反推力。飞船减缓了下降速度，速度2.4米/秒，实现软着陆。

"红龙"号火星飞船应运而生。"红龙"号由美国宇航局和美国太空探索技术公司研发，太空探索技术公司建造。它的科学任务：火星着陆，采样返回。

"红龙"号火星飞船源自"龙骑士"飞船。它能乘坐 1 名宇航员；质量 6.5 吨，其中推进剂 1.9 吨；直径 3.6 米，内部容积 7 立方米；火星着陆的质量高达 1 吨。"红龙"在火星的着陆精度为 10 千米。

↑ "红龙"号火星飞船

目前，"红龙"号的着陆地点选在火星南北极或中纬度地区。这儿的地表下面存在大量的冰。"红龙"号有一套钻探工具，在火星表面钻探深度约 1 米，采取冰样，调查地下储层分布。

"红龙"号的科学目标：寻找火星过去或现在的生命证据，评估地下居住环境，地下冰的起源、分布和组成，利用地冰的记录了解过去气候。

宇航员的科学目标：探索人类进入、下降和着陆火星的方法，评估火星灰尘、浮土和地下冰的潜在危害，自然资源的分布，获取地下资源的方式，示范资源利用等技术。

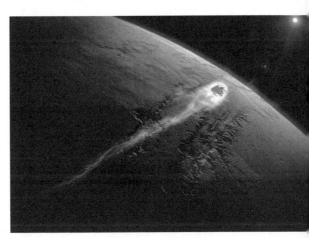

↑ "红龙"号飞船飞越火星大峡谷（概念图）

"红龙"号火星任务成本预计总计 8 亿美元左右。这比美国宇航局预算少了 52 亿美元。

"红龙"火星飞船前往火星的发射日期定为 2022 年，运载火箭为"猎

↑ "红龙"号飞船点火，开始软着陆（概念图）

鹰"重型火箭。

"红龙"火星飞船将成为雄心勃勃的载人火星任务的先驱。它有可能第一个登上火星，并安全返回。"红龙"火星飞船将是世界航天的又一座里程碑。

"红龙"火星飞船会创造神奇吗？我们拭目以待！

"红龙"号飞船宇航员建造火星基地（概念图）

5.7 星际飞船

美国太空探索技术公司老板埃隆·马斯克早就说过：让人类变成多行星物种。他从互联网发家，朝着绿色能源和航天科技方向发展。十多年来，公司研发了各种级别的火箭、各种科学目标的飞船。美国前总统奥巴马这样评价马斯克：他是最不着调的企业家，但是最成功的企业家。

2010 年 6 月 4 日，美国太空探索技术公司首次发射"猎鹰-9"号火箭。在"猎鹰-9"号火箭发射的前 76 次，只有 2 次失败，将上千颗卫星、飞船和航天器送入太空，成为太空发射的主力。

2018 年 2 月 6 日，美国太空探索技术公司第一次发射"猎鹰-重型"火箭。"猎鹰-重型"火箭高度 70 米，由 3 枚"猎鹰-9"号火箭并联而成。3 枚火箭并联最大直径 12.2 米，低轨道最大运载能力 63.8 吨。

2018 年 11 月，太空探索技术公司根据"猎鹰"火箭的优良基因，研发出"大猎鹰"超重型火箭。这是一种私人出资、完全可重复使用的运载火箭和航天器系统。

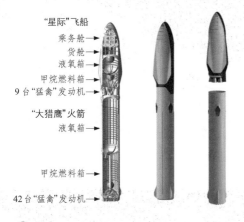

"大猎鹰"超重型火箭和"星际"飞船部件

"大猎鹰"超重型火箭

"大猎鹰"超重型火箭高达 106 米，相当于 35 层楼高度，直径 9 米，低轨道运载能力 150 吨。"大猎鹰"火箭是一枚二级火箭。它的第二级火箭与飞船联在一起。埃隆·马斯克将第一级火箭命名为"大猎鹰"火箭，将第二级火箭和飞船更名为"星际"号飞船。

"大猎鹰"火箭和"星际"号飞船矗立在一起，外表很威武壮观。马斯克称赞它为"雕刻时光的大兄弟"。为了更加优良，科学家精心设计了整个航天器结构，包括火箭和飞船，以及用于快速发射和重复发射的地面基础设施。"星际"号飞船可以重复利用。它还有一大功能：能在太空中为各种航天器添加推进剂，号称"太空加油。"

"星际"飞船直径 9 米、高 55 米，净质量为 85 吨。它由 9 台甲烷/氧气推进剂的"猛禽"火箭发动机驱动，每台发动机产生超过 2 000 千牛的推力。

"星际"飞船最终将建造成至少如下三种版本。

宇宙飞船："星际"飞船将成为能够将乘客或货物运送到行星际目的地、近地轨道或地球上的目的地之间的大型、长时间航天器。

太空加油飞船："星际"飞船改装成太空加油机，装载推进剂，用于在地球轨道上给别的航天器补充推进剂。加油机将使重型航天器能够发射到行星际空间。

发射和回收飞船："星际"飞船具有大货舱门，可在太空中打开，以便于将航天器送入轨道、回收航天器和太空碎片。

⬆ 美国太空探索技术公司设计了多种"星际"飞船模型

⬆ "星际"飞船：寄托人类的科技梦想

⬆ 火星基地想象图

⬆ "星际"号飞船着陆 "木卫-2" 的想象图

　　科学家们正在研究如何利用火星上已经存在的东西。人类建立火星殖民地必须满足五个条件：氧气、水、住所、食物和能源。太空探索技术公司设想了各种火星基地、火星城，正为人类移民火星开辟道路。

　　境界有多高，梦想就有多大。太空探索技术公司预言："星际"飞船将会成为一艘能运载100多人的超地球轨道飞船，由可重复使用的超重型助推器发射。理论上说，它可以降落在太阳系除金星外的任何岩石星球上。

　　太空探索技术公司还设想："星际"飞船着陆木星卫星——"木卫-2"上。

　　太空探索技术公司正在开始"星际"飞船试飞。一个宏伟的太空远征计划开始了！

5.8 月球飞船

　　每当提起月球飞船，就会引起苏联、俄里斯人窝囊、辛酸、痛苦，甚至羞耻的回忆。

　　当人们了解了世界航天科技及其发展史以后，都有一个疑问：苏联的火箭技术、航天技术那么发达，发射火箭、飞船和卫星最多，夺得了 70%以上的世界航天纪录，为什么没有登月火箭？为什么没有登月飞船？为什么没有登上月球？

　　这些疑问，人们百思不得其解，苏联的老对手美国也感到不可思议。历史的谜团直到苏联解体后才真相大白。其实，20 世纪 60 年代，苏联已经拥有 "N–1"

苏联 "联盟" 号登月飞船

登月火箭和 "联盟" 登月飞船，登月指日可待。由于权利纷争及某些技术不过关，苏联浪费了大好时机，最终没有登上月球。

　　2013 年 12 月 19 日，俄罗斯宇航局下令能源公司、赫鲁尼切夫公司研制新的载人飞船，为国际空间站运送宇航员，同时也能探测月球、火星和其他星球。新飞船将取代苏联时期开发的老飞船——"联盟" 号。"联盟" 号飞行了 160 个航班，50 多岁了，明显力不从心。

　　2015 年 8 月 27 日，俄罗斯联邦宇航局开始新一代载人飞船征名活动。1 万多人建议新飞船命名为 "加加林" 号，得票接近 28%，名列第一。2016 年 1 月 15 日，俄罗斯联邦宇航局宣布新飞船的名字——"联邦" 号。

　　"联邦" 号飞船的科学目标是：可部分重复使用，支持在地球轨道、地月轨道、月球轨道，甚至火星轨道飞行。"联邦" 号飞船可以回收，最多飞行 10 次。

⬆ "联邦"号飞船

⬆ "联邦"号飞船登月飞行（想象图）

"联邦"号飞船分为两种版本：地球飞船和月球飞船。

"联邦"号飞船分为两个舱段：乘员舱和推进舱。飞船质量14吨，其中乘员舱9.5吨，推进舱4.5吨。乘员舱内部空间18立方米，能搭乘4~6名宇航员。

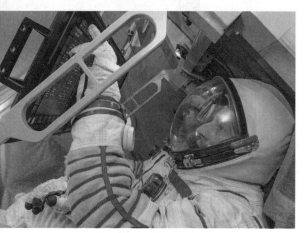

⬆ 宇航员在新飞船上训练

"联邦"号飞船的地球轨道发射质量17吨，月球轨道发射质量21.367吨。它可自由飞行5~14天，停靠空间站飞行365天，月球轨道飞行200天。

新飞船，新动力，新希望！2017年，一位名叫费奥多尔的智能机器人，正式加入俄罗斯宇航员大队。它与年轻的宇航员们一起参加宇航基础培训。"联邦"号飞船的设计师说："费奥多尔不只是简单地坐在操作椅上，它将完成某些规定任务。"

2021年，"联邦"号载人飞船进行首次飞行测试，机器人费奥多尔将成为飞船的首位乘客。2024年，如果不出意外，"联邦"号飞船将进行首次载人飞行。2025年4月，"联邦"号飞船将搭载宇航员，飞向国际空间站。

"联邦"号飞船设计了各种紧急逃生和着陆装置，能在搜救队到达之前确保宇航员生命和安全。它将能够完全自动化和手动对接飞行，并拥有足够的推进能力，保证能停靠和重新停靠空间站，保证再入和安全返回地球。返回舱在大气层飞行时，只能使用环保的推进剂。

在着陆时，"联邦"号飞船采用固体火箭推进器减速，实现软着陆。它不

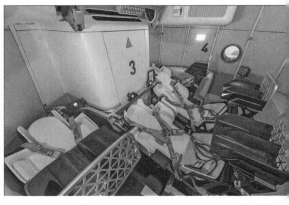

 "联邦"号飞船仪表盘

🔺 "联邦"号飞船的座位

再像"联盟"号飞船那样，依靠降落伞减慢降落速度后着陆。

着陆精度是飞船测控的一项技术，着陆精度越高，证明飞船测控技术、自动着陆技术越好。科学家将"联邦"号登月飞船的着陆精度提高到 10 千米，可在各种高精度着陆模式下登陆月球。

可重复使用，是科学家努力追求的高目标。"联邦"号飞船的乘员舱可重复使用多达 10 次，寿命估计达到 15 年。

俄罗斯已经研发出一种超级重型火箭——"联盟–5"号，能将"联邦"号飞船送往任何它想去的太空，甚至红色星球——火星。

轨道上的红星仍将闪烁！

 # 5.9 快乐大篷车

1971 年 4 月 19 日，苏联发射了世界上第一座空间站——"礼炮–1"号空间站。从此，空间站从梦想、理想到真实、实现。空间站发射升空了，许多科学仪器、侦察设备、宇航员吃喝拉撒的物资怎么办呢？苏联进步设计局，也就是后来的能源公司，研制出了世界上第一种货运飞船——"进步"号。

"进步"号货运飞船是由"联盟"号飞船改进的，只运货，不载人，定期

⬆ "进步"号货运飞船侧面   ⬆ "进步"号飞船的对接口

向国际空间站运送食品、货物、燃料和仪器设备等。这是太空的快乐大篷车。

"进步"号货运飞船共研制了五代："进步""进步-M""进步-MM""进步-M1"和"进步-MS"系列。1978年1月20日，第一艘"进步-1"号货运飞船搭乘"联盟"号火箭发射升空，对接"礼炮-6"号空间站。

到2011年7月底，"进步"号系列货运飞船已经安全飞行了30多年，共进行135次发射飞行，对接过"礼炮-6""礼炮-7""和平"号空间站和国际空间站。它从无事故，可靠性100%，是世界上最安全、最可靠的货运飞船。

世界上没有常胜将军。2011年8月24日，"进步-M12M"号从拜科努尔航天中心发射升空。突然，火箭和飞船骤然下降，发出一道闪光。飞控人员大惊失色：完了！爆炸了！

飞船的大部分残片在大气层完全燃毁，落地残片发生剧烈爆炸，方圆100多千米都有震感。这是"进步"号飞船遭遇的第一次失败，让之前的荣耀历史蒙羞，但"进步"号仍是世界上最安全可靠、最当之无愧的宇航老兵。

现在，俄罗斯最新的货运飞船是"进步-MS"号。它由货舱、服务舱和燃料舱组成。它长度7.94米，最大直径2.72米，内径2.2米，内部容积6.6立方米，发射质量7.020~7.249吨，运载质量2.3~2.5吨，自主飞行时间为3天，可在空间站停靠6个月。

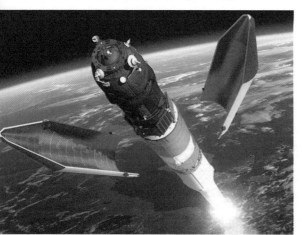

⬆ "进步"号货运飞船与"联盟"号火箭分离

5.10 白衣秀士

2008 年 3 月 9 日，欧洲第一艘"阿丽亚娜"货运飞船——"凡尔纳"号飞船，搭乘"阿丽亚娜–5"号火箭，从法属圭亚那库鲁航天中心升空，飞向国际空间站。

"凡尔纳"号飞船上专门携带了法国著名科幻作家儒勒·凡尔纳 1900 年出版的原版精装科幻小说《从地球到月球》。这本小说讲述了三名火炮俱乐部的大炮迷，建造了一门巨炮，把自己送上月球的故事。《从地球到月球》曾令无数月球迷、太空迷和宇航迷激动不已。

"阿丽亚娜"自动货运飞船，是欧洲太空局建造的最大、最重、最复杂的飞船。"阿丽亚娜"穿着一套银白色的防热外罩，号称"白衣秀士"。它长度 10.3 米，直径 4.5 米；自身质量 10.47 吨，发射质量约 20.75 吨；运载量 7.667 吨，加压容积 48 立方米，在轨时间可达 180 天。"阿丽亚娜"号的 X 形太阳能帆板张开后，长度达 22.3 米，发电功率 3.8 千瓦。

"阿丽亚娜"以运输货物为主，能将 8 吨货物送上空间站：1.5~5 吨各类货物，0.84 吨水，0.1 吨氧气、氮气，4.7 吨燃料。飞船本身载有燃料用来进行会合、再推进和分离操

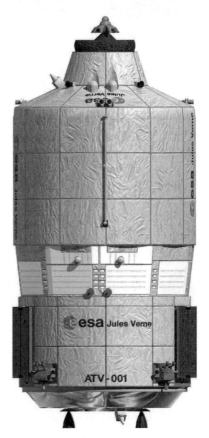

"凡尔纳"号货运飞船

作，也可给空间站加油。飞船安装了 4 台大马力发动机，还有 28 台飞行控制与制动的小马力发动机。

"阿丽亚娜"号共造了五艘，分别命名为：凡尔纳、开普勒、阿玛尔迪、爱因斯坦和勒梅特。欧洲太空局将第一艘自动货运飞船以儒勒·凡尔纳的名字命名。

飞船上的激光测距仪向空间站发射一束激光，再接收反射的激光束，计时器测定激光束从发射到接收的时间。激光测距仪精确测量两个航天器之间的距离、相对速度和姿态，精度达到毫米级。"凡尔纳"号启动机动发动机，调整角度、方向和速度，以 0.15~0.18 米/秒的速度与空间站对接。

……10 米、5 米、1 米、0.1 米，咔嚓，对接成功！

"凡尔纳"号飞船与空间站对接：发射激光，瞄准对接

"凡尔纳"号飞船对接国际空间站

5.11 东方白鹳

东方白鹳是一种大型鸟类，羽毛雪白，眼圈和双脚鲜红色，嘴巴和翅尖为黑色。它象征纯洁、珍贵和幸福。东方白鹳主要生活在日本、中国、韩国和俄罗斯。40 年前，野生的东方白鹳在日本和朝鲜半岛几乎灭绝。2007 年 5 月，

日本诞生了一窝小东方白鹳，举国欢腾。它们是两只圈养东方白鹳的后代。

为了吉利和祝福，日本将货运飞船命名为"东方白鹳"号。它是由日本宇宙航空研究开发机构、筑波宇航研究院、三菱重工及日本许多大学共同设计制造的一种无人驾驶、自动对接、不可重复使用的货运飞船。

国际空间站上有一部分日本的舱段。日本的男女宇航员始终轮流在那里驻守。他们进行各种科学实验，成就斐然。"东方白鹳"号飞船主要为国际空间站运送科学仪器和生活物资等。

"东方白鹳"号货运飞船是一艘圆柱体的飞船，长 9.8 米，最大直径 4.4 米；自身质量 10.5 吨，发射质量 16.5 吨；内部容积 14 立方米，最大运载量为 6.2 吨。飞船前面安装了 8 台摄影、测量与遥感设备；后面有 4 台火箭推进器，保证飞船的推进与调姿；飞船外层是隔热层，上面安装了 16 排咖啡色的太阳能帆板。

"东方白鹳"号飞船具备完全自动飞行、对接功能。它主要由三部分组成：货物舱、设备舱和推进舱。货物舱在前部，可装载 6 吨货物；设备舱在中间，安装有航天电器，安装了制导控制、动力供应和电信数据处理、电子设备等装置；最后部的推进舱，

↑ 日本 "东方白鹳"号货运飞船正面

↑ "东方白鹳"号飞船下面有 4 台主推进器喷管

↑ 国际空间站上的机械臂放飞 "东方白鹳"号飞船

包括用于变轨的主发动机、用于姿态控制的反作用推进器、燃料与氧化剂贮箱、高压空气箱等。

"东方白鹳"号携带着空间站的垃圾返回地球后，一起焚毁在蓝天里。当到达南太平洋航天器墓地——"圣诞岛"上空时，"东方白鹳"号残骸仅剩 10 千克左右。它与其他飞船残骸一起长眠于美丽的"圣诞岛"海底。

 # 5.12 龙翔太空

世界上第一艘私人建造的宇宙飞船是"龙"号货运飞船。

"龙"号货运飞船由美国太空探索技术公司研制。它设计寿命 2 年，具有多种运载功能，采用先进的复合材料，减轻了自身质量，提高了结构强度。返回舱可多次重复使用。太空探索技术公司用自己研制的"猎鹰-9"号火箭发射"龙"号飞船。

"龙"号飞船分为货运飞船和载人飞船。货运飞船命名为"龙"，载人飞船命名为"龙骑士"。为了通用性和快速转换用途，两种飞船拥有几乎相同的逃生系统、生命支持系统和机载控制系统。如有必要，货运飞船可以马上转变为载人飞船，成为空间站的逃生船、救命船。

"龙"号飞船质量 4 200 千克；高度 6.1 米，直径 3.7 米，侧壁角 15°；加压舱 10 立方米，不加压舱 14 立方米；运载量 3.31 吨。太阳能帆板分列两边，共两联 8 片。推进器燃料为甲基肼，氧化剂为四氧化二氮的混合物。

2010 年 12 月 8 日，"龙-C1"号试验飞船发射升空，进入近地点 288 千米，远地点 301 千米，轨道倾角 34.5°的轨道。它环绕地球 2 圈，飞行了 4 个小时，返回舱重新进入地球大气层，并在墨西哥西海岸成功着陆。

2012 年 5 月 25 日，"龙-C2"号试验飞船发射成功。它第一次成功与国际空间站会合并对接。

　　2012 年 10 月 8 日，世界上第一艘私人货运飞船——"龙–1"号货运飞船从美国肯尼迪航天中心启程，前往国际空间站。"龙–1"号飞船运去了 905 千克货物，400 千克水。

"龙"号飞船俯瞰地球的英姿

　　2017 年 12 月 15 日，"龙–13"号飞船成功发射升空。这次飞船运送了 2 205 千克货物，包括科学仪器 711 千克、生活用品 490 千克、五金工具 189 千克、太空行走设备 165 千克、计算机 5 千克、太阳辐照度传感器和太空碎片传感器等 645 千克。

"龙"号飞船的对接口

　　龙翔太空，精彩继续。

　　太空中总会发生令人惊奇的事情。当宇航员们兴高采烈地打开包裹，突然惊呆了：一个贼头贼脑的家伙钻出来了。天哪！它竟敢偷渡到太空！它是谁呢？

国际空间站上的机械臂即将抓住"龙"号飞船

"龙"号飞船对接国际空间站

5.13 太空天鹅舞

第一代"天鹅座"飞船

"天鹅座-4"号货运飞船飞向国际空间站

"天鹅座"货运飞船是美国轨道科学公司研制的自动货运飞船,用于美国宇航局商业轨道运输服务,专门运输物资前往国际空间站。

"天鹅座"飞船由加压货物舱、服务舱组成。它质量1.5吨,长度5.1米,直径3.07米,内部容积18.9立方米,运载能力2吨,设计寿命一周到两年。"天鹅座"的推进剂采用肼和四氧化二氮。两个长方形的砷化镓太阳能帆板,能够产生高达4千瓦的电力。

2014年10月28日,美国轨道科学公司发射"安塔瑞斯"火箭,将"天鹅座-3"号货运飞船、美国行星实验室公司的26颗"羊群"地球观测卫星等共计30颗/艘航天器送上太空。

当火箭发射6秒钟后,第一级火箭发动机故障,飞行终止系统激活。"安塔瑞斯"火箭爆炸后发生大火,烧毁了飞船和货物,所幸没有人员伤亡。这是航天史上最失败的发射之一,损失了30颗/艘航天器,毁坏卫星最多。

美国轨道科学公司老板汤普森下令研发新飞船。第二代飞船比老飞船大多了,质量1.8

吨，长度 6.3 米，直径 3.07 米，运载能力 3.5 吨，内部容积 27 立方米。

2015 年 12 月 6 日，"天鹅座-4"号飞船发射成功。

最值得夸耀的是：新飞船非常漂亮、精美！它的两个太阳能帆板变成了圆形，金色和咖啡色相间，非常优雅潇洒，足以扮靓冷酷黑暗的太空。

5.14 快递小哥

中国的"神舟"飞船、"天宫"目标飞行器和空间实验室相继发射升空，点亮了太空。

"天舟"号货运飞船也横空出世。中国航天迷送给它一个雅号——快递小哥。

"天舟"号由中国空间技术研究院研制，长度 10.6 米，最大直径 3.35 米，起飞质量 12.91 吨，太阳能帆板展开最大宽度 14.9 米，运送能力约 6.5 吨，推进剂补加能力约为 2 吨，具备独立飞行 3 个月的能力。

"天舟"号飞船外表白灰色，由直径 3.35 米的货物舱和直径 2.8 米的推进舱组成。货物舱用于装载货物，推进舱为整个飞船提供动力与电力。推进舱两侧各有一片 3 联太阳能帆板。

"天舟"号动力强大，共安装了 4 种 36 台不同推力的发动机。推进舱后部安装了 4 台变轨用的主发动机，其余 32 台是控制飞船姿态的 3 种不同推力量级的姿控发动机。它能在太空变

🔊 中国第一艘货运飞船——"天舟-1"号

换各种姿态，精度极高。

"天舟"飞船的科学任务是：定期向"天宫-2"号空间实验室运输水、食品、氢气、氧气等生活用品，以及燃料、仪器、设备、补给等。当发射后，它会自动与"天宫-2"号交会对接。航天员要将货运飞船上的物资搬运到空间实验室内。

"天舟"飞船还有两项任务：充当"天宫-2"号空间实验室的垃圾桶；当脱离空间实验室，返回地球时，"天舟"飞船会快速下降，进入"死亡轨道"，以流星的方式在南太平洋"圣诞岛"上空大气层中烧毁。

2017年4月20日，中国第一艘货运飞船——"天舟-1"号从海南文昌航天发射中心发射升空。大约10分钟后，"天舟-1"号进入预定轨道，翱翔在蓝天白云之上，浩繁星空之下。

"天舟-1"号发射成功的意义十分重大。它正式宣告：中国航天迈进"空间站时代"。

快递小哥，运送强大和希望，彰显中国力量和荣耀！

⌖ 2017年4月22日，"天舟-1"号与"天宫-2"号完成首次对接

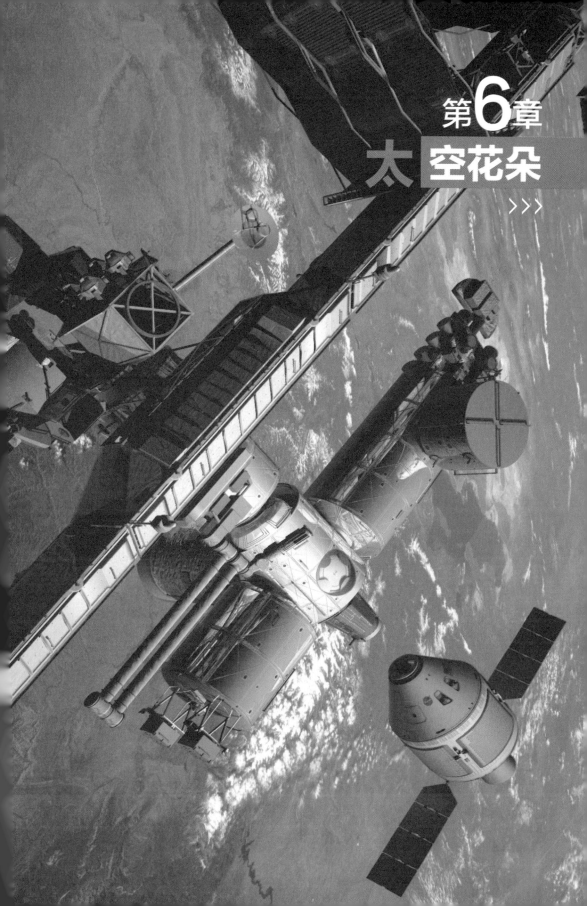

第6章
太空花朵
>>>

给心灵一双翅膀，让你的梦想放飞；借你一双慧眼，让你去寻找真理；用你灵巧的双手，在想象中描绘未来。请带上太空旅游图，一起去观赏太空礼花，体验时间静止的感觉。

6.1 太空礼花

空间站，是一朵绽放在太空的美丽花朵！这朵太空花朵闪耀着人类科技和智慧的光芒。

空间站是一个巨大的人造卫星，建在距离地面 400~450 千米的太空，可以长期运行，用于探测太空、观测地球，进行各种科学实验。

空间站是人类挺进宇宙的跳板。空间站本身具备相当高的速度，平均 7.6 千米 / 秒。由于在那里几乎不存在空气的阻力，地球引力也极小，宇宙飞船从空间站起飞只需消耗很少的燃料。同时，空间站也可以储备大量宇航物资，成为未来宇宙飞船的"启航站"与"中转站"。这样，宇宙飞船在航行中，不必再回到地面，就可以得到充足的物资补给，飞向更远的星空。

毫无疑问，空间站是人类科学、技术、勇气、胆略的结晶，是世界上最庞大、最复杂、最聪明和最高科技的机器！它的特点是：体积较大、结构复杂、功能强大、科技含量高、飞行时间很长。

空间站拥有极为庞大、复杂的分系统，包括：结构、电力、热控、姿态测量与控制、导航与推进、自动化

人类智慧的象征——空间站

与机器人技术、计算与通信、环境与生命支持、宇航员设施、宇航员与货物运输等系统。

空间站分为民用空间站和军事空间站。1973—1977 年，苏联执行"钻石"军事空间站计划，先后发射了三座军事空间站，用于战略侦察和战略威慑。

世界著名空间站一览表

国　家	空间站名称	发射时间	接待宇航员	飞行时间	坠毁时间
苏联	礼炮–1	1971 年 4 月 19 日	1 组	175 天	1971 年 10 月 11 日
苏联	礼炮–2/钻石–1	1973 年 4 月 3 日		54 天	1973 年 5 月 28 日
苏联	礼炮–3/钻石–2	1974 年 6 月 24 日	1 组	213 天	1975 年 1 月 24 日
苏联	礼炮–4	1974 年 12 月 26 日	2 组	768 天	1977 年 2 月 2 日
苏联	礼炮–5/钻石–3	1976 年 6 月 22 日	2 组	432 天	1977 年 8 月 28 日
苏联	礼炮–6	1977 年 9 月 29 日	16 组	1 760 天	1982 年 7 月 29 日
苏联	礼炮–7	1982 年 4 月 19 日	11 组	3 214 天	1991 年 2 月 7 日
美国	太空实验室	1973 年 5 月 14 日	3 组	2 249 天	1979 年 7 月 11 日
苏/俄	和平	1986 年 2 月 20 日	28 组	5 510 天	2001 年 3 月 23 日
国际	国际空间站	1998 年 11 月 20 日	60 多组	已 7 800 多天	仍在轨道
中国	天宫–1	2011 年 9 月 29 日	2 组	2 376 天	2018 年 4 月 2 日
中国	天宫–2	2016 年 9 月 15 日	1 组	1 039 天	2019 年 7 月 19 日

6.2 太空战斗堡垒

当加加林飞天成功后，苏联领导人赫鲁晓夫就大声嚷嚷："咱们能不能建造一架永远在太空飞行的战斗机。"

"哦！永远飞行，还是战斗机！这个太难了！"

"那你们给我弄一个能全地球、全天候、全时空飞行的航天器。我要吓死美国佬！"

"哦，这是空间站！咱们已经制定了一个空间站计划。它能进行科学试验，又能装载照相机、摄像机和雷达进行太空侦察，还能装载核弹。它能够让 CCCP 的标志和国旗在太空飘扬和闪光。"

这就是"礼炮"号空间站计划。1971 年 4 月 19 日，苏联发射了人类第一座空间站——"礼炮-1"号。"礼炮"号空间站开拓了人类新的空间，开启了人类的想象和思维。1971—1982 年，苏联共发射了 7 座"礼炮"号空间站，如同绽放了一朵又一朵的太空礼花。

🎧 "礼炮-7"号空间站

"礼炮"号空间站为战争而生，为信仰而死。它是苏联太空战略和太空霸权的一部分，能进行科学实验，也能对地球上的军事目标、可疑目标进行观察、拍照、摄像和电子侦察。

"礼炮"号空间站执行过大量军事任务。冷战时期，每当美国口出狂言企图压住苏联的时候，苏联元帅们就会放出话来：不知道炸弹从哪儿来，也不知道是什么方式死的！美国官员顿时会摸摸脑袋，看看天上。

"礼炮-2""礼炮-3""礼炮-5"号是军事空间站。苏联秘密命名为"钻石-1""钻石-2"和"钻石-3"号空间站，号称太空战斗堡垒。

"钻石-3"号空间站

最可怕的是："钻石"号空间站可以携带核弹，还安装了"火山"自动火炮等，并进行了多次试验。它是否会在紧急情况下装载核弹。这个秘密无人知晓。

"火山"太空炮的子弹质量175克。在太空开炮，因为没有空气和重力，开炮时发出的振动和噪声不会像在地面一样扩散，就好像在耳边爆炸、身边炸响。宇航员听不到声音，但会感到巨大的震动，并且非常难受。

在太空开炮，炮口发出的火焰不是向外喷射，而是团聚在炮口。火焰不是红色或橙色，而是蓝色。最可怕的还是后坐力，每开一炮都会增加外力，影响空间站的正常轨道运行。为了宇航员和空间站的安全，太空炮都选择在无人居住的情况下试射。

1975年1月24日，"火山"太空炮瞄准

"火山"太空大炮

据绝密消息称："钻石-3"号空间站除安装了先进的侦察设备以外，还配备了一门"R-23"或"NR-30"自动速射炮。

1964年，苏联火炮设计师诺德曼和里希特以左轮手枪原理设计了"R-23"自动速射炮。它转速达到1 800~2 000转/分，初速850米/秒。因为射速极快，如同火山爆发，被誉为"火山"。它属于单管机炮，主要安装在"图-22"轰炸机机尾。

"火山"自动机炮发射快、初速快，被誉为"转轮快枪手"。因为"火山"自动炮装上空间站，因此从飞机航炮变为"太空大炮"。

"太空大炮"安装在"钻石-3"号的前腹部，只能射击前方目标。如果别的方向遭到袭击，整个空间站要转身开火，相当难也很麻烦。

500~3 000 米的卫星。开炮！炮弹几乎不受地球引力的影响，也不形成抛物线；没有空气摩擦，完全按照射击时的速度飞行，穿透力和爆炸力非常强。目标卫星在测试中被摧毁。几天内，"火山"太空炮一共进行了三次射击试验，都非常成功。

6.3 点燃世界

"美国人追上来了！咱们怎么办？"

"咱们发射一座大型空间站，独霸太空，点燃世界。"

"它必须最大、最先进，将美国人踢下太空。"

1976 年 2 月 17 日，苏联政府下令授权研制"和平"号空间站。1986 年 2 月 20 日，"和平"号第一个舱段——"核心舱"发射升空，开始组建空间站。

"和平"号空间站是苏联第三代空间站。它拥有 7 个压力舱段和几个无压舱段："量子-1""量子-2""晶体""光谱""自然""对接"舱段等。"和平"号是世界上第一座采用多舱段组合方式的空间站，是世界上第一座长期载人飞行的空间站，也是世界上第一座用于科学研究的空间站。

"和平"号空间站是一个阶梯形圆柱体，两侧装有几个大型太阳能帆板。它质量 129.7 吨；长 31 米，宽 19 米，高 27.5 米，最大直径 4.2 米；总面积 80 平方米，内部空间 400 立方米；加压舱空间 350 立方米，1 个大气压；设计寿命 5 年，乘员 3 名，最多 6 名。

"和平"号的核心舱由工作舱、技术舱、密封舱 3 个部分组成，共有 6 个对接口，可与载人飞船、货运飞船和航天飞机对接。

"和平"号作为微重力研究实验室，研究生物学、人类生物学、化学、物理学、天文学、气象学和航天器系统，试验长期太空飞行所需要的技术。"和

"和平"号可以进行微波、可见光、近红外和红外波探测，外部还安装了一台太空中最大的合成孔径雷达天线，扫描全球。

"和平"号空间站

"和平"号空间站的典型轨道为近地点354千米，远地点374千米，轨道倾角51.6°，平均速度7.7千米/秒，平均时速27 700千米/时，轨道周期91.9分钟，每天环绕地球飞行15.7圈。当时，"和平"号空间站是世界上质量最大、载人最多、寿命最长、技术最先进、在轨时间最长的空间站。

"和平"号空间站共接待了30艘"联盟"号载人飞船、64艘"进步"号货运飞船。美国航天飞机9次拜访"和平"号空间站，进行对接和联合飞行。各国宇航员从"和平"号空间站出舱进行了80次太空行走，绝大多数宇航员从这里迈出太空行走的第一步。

冷战时期，"和平"号是苏联的骄傲荣耀、战略威慑和政治筹码。苏联解体后，它成为太空国际合作的典范。世界上12个国家135名宇航员和科学家曾访问"和平"号，完成16 000多项科学试验。"和平"号，真正的太空和平之家。

"和平"号的设计寿命是5年，却在太空飞行了5 510天，共计15年31天，其中载人飞行4 592天，环绕地球飞行了86 331圈，航程35亿千米。

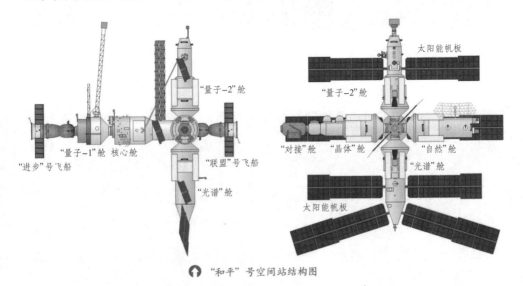

"和平"号空间站结构图

135

15年来，"和平"号上共发生了近2 000次故障，以及臭气、毒烟、泄露、停电、火灾、太空碎片袭击等，其中近100次故障一直未能排除。俄罗斯不得不放弃。

2001年3月23日，全世界的科学家与"和平"号空间站挥泪告别。"这是我们的孩子。我们相伴了15年，现在要眼睁睁看着它粉身碎骨，却毫无回天之力，呜呜呜呜……"

"和平"号空间站重返地球焚毁，过程分为三个阶段。

第一阶段：变轨。"和平"号在220千米向地球变轨，开始从圆轨道改为椭圆轨道，地球引力增大，并产生大气阻力。这时，"和平"号对接的两艘货

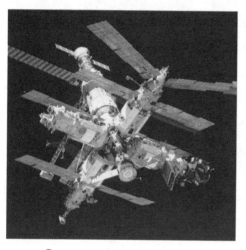

🔼 2000年时的"和平"号空间站

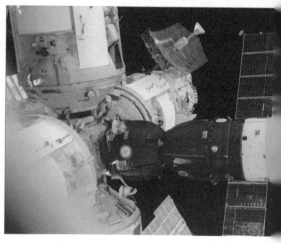

🔼 "联盟"号飞船对接"和平"号空间站

🔽 "和平"号空间站与"亚特兰蒂斯"号航天飞机联合飞行

🔽 1998年2月28日，从"奋进"号航天飞机上看到的"和平"号空间站

运飞船"进步 M1-5"号和"进步-M"号准备一起殉葬。它俩携带 2.5 倍以上的燃料和垃圾。

第二阶段：下降。"和平"号从近地点 165 千米，远地点 220 千米的轨道转移到近地点 103 千米，远地点 137 千米的轨道。世界标准时 2001 年 3 月 23 日 0 时 32 分和 2 时 01 分，两艘"进步"号的控制发动机燃烧。"和平"号两次飞近地球被烧伤。

第三阶段：焚毁。轨道飞行两圈后，"和平"号脱轨的最后阶段开始。当第三次飞过地球近地点 103 千米轨道时，"和平"号再没能飞回原来的轨道，一圈比一圈小。

4 时 57 分 10 秒，"和平"号脱离轨道，从西南方向朝东北方向坠落。

5 时 08 分，"进步 M1-5"号飞船的控制发动机和主发动机燃烧，持续超过 22 分钟。

5 时 44 分，15 岁的"和平"号空间站在斐济的纳迪附近上空，从 100 千米高度进入地球大气层，速度越来越快，角度越来越大。

5 时 52 分，"和平"号主体变形、坍塌、解体、爆炸、燃烧、焚毁。

6 时整，"和平"号未燃尽的碎片进入南太平洋的航天器墓地——圣诞岛。

6.4 太空牛仔

一匹快马，一顶礼帽，一条牛仔裤；双手拔枪，同时开火，百发百中。这就是美国牛仔走天涯的形象。

美国"牛仔"也能飞上太空。它就是美国第一代空间站——"天空实验室"，号称"太空牛仔"。它质量 77.1 吨，长度 25.1 米，高度 11.1 米，宽度 17 米，直径 6.6 米，内部空间 351.6 立方米，乘员 3 人，造价 30 亿美元。

"天空实验室"空间站

"天空实验室"的工作舱内部透视图

从远处看，"天空实验室"很像一架直升机，四片太阳能帆板好像直升机的四片旋翼。它由"阿波罗"飞船、工作舱、过渡舱、对接舱、太阳太空望远镜组成，提供生活、休息、科研和工作场所。

"天空实验室"最大部分是工作舱。它分为上下两层，好像一幢小"别墅"，室温保持为15.6~20℃。工作舱的下层有一个大工作区和贮水箱、食物箱、冷冻箱以及实验设备及用品；上层供宇航员睡觉、吃饭、整理个人卫生、处理废物，并进行一些实验工作。

工作舱外面有一个防护罩，发射时紧贴在轨道舱上，到大气层外自动张开。防护罩能遮挡阳光，让舱内保持合适的温度，并可防止碰撞。

1973年5月14日，"天空实验室-1"号升空，进入近地点434千米，远地点441.9千米，轨道倾角50°的运行轨道。

它每天环绕地球约15圈半，为观测和研究地球提供了大量第一手资料。宇航员进行太空行走，测量了太阳黑子周期，记录了肆虐的龙卷风，拍摄了核武器爆炸的云团，看见了一座座庞大城市的夜景，也看见了人类破坏大自然的惨状。从此，保护地球家园列入联合国的议程。

"天空实验室"科研成果巨大。它号称最昂贵的实验室、最复杂的实验室、最成功的实验室、最麻烦的实验室、最聪明的实验室、最科学的实验室、最亲近太阳的实验室、最辉煌的实验室等。

"天空实验室"成为美国最值得骄傲的太空奇迹，对美国科学、医学、宇航学、天文学、宇宙学研究提供了最大的支持。它为国际空间站和未来的空间站提供了很多的经验和帮助。

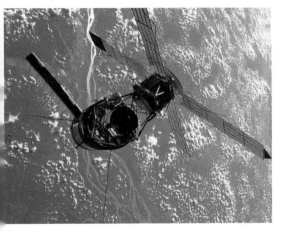

"天空实验室"空间站飞掠地球

神秘的第51区

1973年5月25日—1974年2月8日，美国宇航员先后三次进入"天空实验室"空间站。宇航员在轨道上分别生活了28天、59天和84天。宇航员完成了大约2 000小时的科学实验，拍摄了成千上万张精美的照片。其中包括宇航员卡尔和波格花了很多时间，交替控制操作仪器，测量和拍摄地球，寻找侦察到的苏联和中国的秘密。

根据飞行任务，美国宇航局对宇航员制定了拍摄照片的规则，比如：不许拍摄美国的军事秘密，更不能拍摄绝密军事禁区，违令者严肃处理。

一天下午，宇航员卡尔拍摄完苏联、中国的侦察照片，刚想休息一下，听到波格喊道："现在飞到美国了，天气晴朗！"

美国空军的一个军事基地称为51区。因它位于内华达州林肯郡偏远的马夫湖，又称马夫湖空军基地。51区是美国空军研制试验太空飞行器的秘密基地，不远处是美军核弹实验场。

20世纪50年代，洛克希德公司的臭鼬工厂曾在这里研制了"U-2"高空侦察机和后来的"SR-71黑鸟"高空侦察机、"F-117"隐形轰炸机，以及梦幻般的"极光"极音速侦察机。

2010年4月21日，美军"X-37B"太空飞机也是在这里研制而飞上太空的。51区周围上空划为禁飞区，警戒严格，甚至地图上也找不到它。

因为太神秘，许多影视剧、小说经常以第51区为背景，将其描绘成研究外星人、不明飞行物的实验室。

卡尔看着美国大地上的景物，发现一个大湖："哟！这是哪儿？哦！还有机场……"突然，一道刺眼的光束直刺双眼。卡尔骂道："好小子，竟敢照我！我看看你到底是谁？"卡尔一按快门——"咔嚓、咔嚓、咔嚓"。他无意中拍摄了美国绝密禁区——第51区。

之后，美国宇航局将一大批"天空实验室"拍摄的照片发表，想不到稀里糊涂将第 51 区的照片也抖搂出去了。这些照片暴露了这个世界上最神秘的秘密设施的概况，造成了政府各机构之间的纠纷。

美国国防部痛骂卡尔和照相机：混蛋！怎么会拍得这么清楚？

6.5 人类科技的坐标

1984 年，美国总统里根建议："为了科学、和平和人类，我们在科技日益发达的地球上空，应该建设一座长期运行的空间站。"多个国家和组织积极响应，有钱的出钱，有力的出力，共同建设空间站。

它就是日后的国际空间站。

目前，国际空间站有 18 位主人：美国、俄罗斯、加拿大、日本、英国、法国、德国、比利时、意大利、荷兰、丹麦、挪威、葡萄牙、西班牙、瑞士、瑞典、奥地利以及欧洲太空局。

国际空间站呼号为阿尔法。它是世界航天领域最大规模的国际科技合作项目，也是世界航天史上第一个由多国及组织合作建设的载人空间站，是现代人

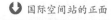
国际空间站的正面

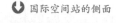
国际空间站的侧面

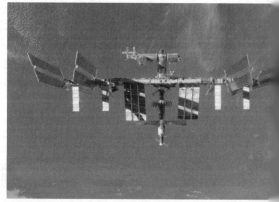

🔺 国际空间站的下面　　　　　　🔺 国际空间站的上面

太空天气

地球上有天气，太空里也有天气吗？当然有了！

太空天气是指在太阳系内和地球周围的太空天气、气候和环境的变化。

太阳会发生太阳风、太阳耀斑、太阳射电、太阳辐射风暴、太阳高能粒子、日冕物质抛射、太阳黑子爆发等，引起太空天气变化。

银河系中拥有3 000亿颗恒星，也会发射大量的各种宇宙射线，穿越太阳系和地球，引起太空天气骚动。

这时，太阳系、地球周围太空中的等离子、磁场、辐射和其他物质就会变化，引发太空天气、气候和环境的变化。

太空天气会引起两方面的变化：太空的变化、地球的变化。

在太阳系内，太空天气受到太阳风的密度和速度，还有太阳风带来的等离子的影响，会造成行星际磁场的变化。太阳高能粒子、宇宙射线会穿透和破坏卫星、飞船的电子设备，威胁宇航员的生命。太阳活动产生的地磁风暴会干扰电子仪器，导致卫星、飞船暂时失明，甚至毁坏。

地球非常娇嫩。在地球上，太阳高能粒子会击穿电子设备、电网、通信和导航系统。地磁风暴、范·艾伦辐射带的活动、电离层的扰动和闪烁、极光、地磁的诱导都会引起电流变化。日冕物质抛射会轰击地球的磁层，激发磁暴，影响在高纬度上飞行的飞机，甚至太空中的卫星。

太空天气非常重要，会影响和干扰太空中的宇航员、卫星、飞机航线、电力和管线。美国宇航局、欧洲太空局、中国航天局等都设有太空天气预报中心、预警中心等，实时观测和预报太空天气，尽量避免因此造成的损失。

类工程技术史上的伟大奇迹，号称人类科技的坐标。

国际空间站运行在近地点 409 千米，远地点 416 千米，轨道倾角 51.65°的轨道；平均速度 7.66 千米/秒，约 27 600 千米/时；轨道周期 92 分 39 秒，每天环绕地球 15.5 圈。由于地球引力、空气阻力，以及太空天气的影响，国际空间站的轨道以 2 千米/月的速度下降，所以必须每过两个月提升一次。

国际空间站怎样建造的呢？

国际空间站非常庞大复杂，但安装原理很简单。科学家像小朋友搭积木一样，在太空中建设国际空间站。

首先，火箭和航天飞机发射几个大舱段，再连接在一起，组成一个主干。然后，在主干上横放一个巨大的横梁。最后，把各种舱段、各种组件、各种设施、太阳能帆板和其他对接件挂在横梁上。这样的结构能够加强空间站的硬度，有利于各舱段和科学设备、实验仪器的正常工作，也便于宇航员出舱装配与维修等。

国际空间站像一个迷宫。它主要由 15 个舱段和一个桁架结构组成，其中 6 个科学实验的研究舱，3 个宇航员居住的生活舱，1 个为空间站提供推进、姿控、通信和储存功能的多功能服务舱，3 个对接用的节点舱，等等。15 个舱段面积相当于一个足球场。

国际空间站总质量 419.455 吨；长 72.8 米，宽度 108.5 米，高 20 米；内部空间 916 立方米。它的大气压力为 1 个大气压；燃料质量约 4 吨；太阳能电力功率 84~120 千瓦。

国际空间站：横看成岭侧成峰，远近高低各不同

国际空间站有什么功能呢？它是一个微重力和太空环境研究实验室。在这里，科学家进行各项实验，如生物学、人类生物学、医学、药学、遗传学、化学、物理学、冶金学、气象学、天文学、宇宙学、太空育种等。这些研究对未来的太空探索产生重要影响，为建造太空工厂、太空发电站、太空旅馆、太空城提供经验，也向登陆月球、登陆火星、深空探索等远大

🔺 国际空间站的舱段

🔺 国际空间站的机械臂

目标前进了一步。

　　2016年5月21日是国际空间站环绕地球飞行10万圈的日子。据统计，全世界17个国家和地区的235人访问过国际空间站。这天，国际空间站举行了纪念活动。正在国际空间站的美国飞行工程师杰夫·威廉斯说："这是具有重要意义的里程碑！向各国科学家致敬！"

　　国际空间站，闪烁着人类科技、智慧、勇气和力量的光芒，注定成为全人类的骄傲，成为太空探索最重要的里程碑。

　　咱们能看见国际空间站吗？完全可以。国际空间站是天空最大的、最亮的人造天体。在日落和日出之前的几个小时，它反射阳光，从地平线升起到落下。咱们用肉眼就可以看见一个缓慢移动的亮点。

🔺 国际空间站的观测窗口

🔺 国际空间站的内部

6.6 "天宫"奇迹

天宫在哪儿？天宫是中国人心目中最美妙的仙境。中国航天让天宫变现实。

2011年9月29日，"天宫-1"号目标飞行器从酒泉卫星发射中心，搭乘"长征-2F"火箭升空。

"天宫-1"号主体为圆柱体，质量8 506千克，长度10.4米，直径3.35米，乘坐3名航天员，内部空间15立方米，前后各有一个对接口。

"天宫-1"号采用两舱型结构：实验舱和资源舱，外部安装了一对太阳能帆板。

实验舱的功能是供航天员工作、科研、训练、生活和睡觉。它前端安装了一个对接机构，以及交会对接测量和通信设备，支持与飞船交会对接。

资源舱的功能是为轨道机动提供动力，为飞行提供能源，控制飞行姿态。这里安装了电源系统、太阳能电池、导航与制导系统、控制力矩陀螺及燃料等。在"天宫-1"号与"神舟"飞船对接时，导航与制导系统负责寻找目标。

为了避免航天员与设备碰撞，"天宫-1"号内部在凸出凹进的地方都采用圆角设计，四周铺上软绵绵的保护层，确保安全。为了让航天员拥有方向感，"天宫-1"号的上面是蓝色，代表天空；下面是黑色，代表大地。

由于太空里没有重力，也没有空气阻力，航天员一直处于失重和漂浮的状态。航天员采用三种方法太空行走：飞着走、爬着走和摸着走。

这很有趣可也很麻烦。为了让航天员在"天宫-1"号内安全和正常地行走，整个舱壁上下安装了30多个作为手脚限位器的锦丝带。锦丝带长约20厘米，可以保证航天员在失重飘移状态下，手脚有着力点。

2016年9月15日，"天宫-2"号空间实验室从酒泉卫星发射中心发射升空。"天宫-2"号与"天宫-1"号外形体重差不多，但科学仪器更多、更先进，内部更豪华。科学任务主要是开展地球观测、太空与地球系统科学、太空应用新技术、太空技术和航天医学等领域的应用和试验。

🔊 "天宫-1"号飞越中国大地

"天宫-2"号是中国第一个真正意义上的太空实验室。它的科学目标是：探测黑洞等极端天体，追寻恒星和星系演化的历史，了解宇宙极端物理过程和规律，解答宇宙组成和演化的重大课题。

太空，又增添一颗闪亮的明星。2016年10月17日，"神舟-11"号飞船发射成功。两天后，"神舟-11"号飞船与"天宫-2"号对接成功。航天员景海鹏、陈冬进入"天宫-2"号，进行了30天的访问和太空试验。

两位航天员在太空跑步机上进行失重防护锻炼，还亲手种下了生菜种子。当看着生菜一天天长大，朝气蓬勃，他俩心里美滋滋的。生菜收割了！他们大口吃着生菜，感觉好极了。

那天，景海鹏在唱歌："亲爱的，你快快长大！"亲爱的是谁？哦，是蚕宝宝！这是蚕宝宝科学实验。第8天，航天员们打开箱子一看：天哪！6只蚕宝宝已经在太空吐丝结茧了。

一次快乐的飞行，一次浪漫的试验，"天宫-2"号开拓了太空科研新疆界，完成了许多"天宫-3"号的任务。

"天宫-3"号原计划验证再生生保关键技术、航天员中期在轨驻留、飞行器长期在轨自主飞行和货运飞船在轨试验等技术，并开展部分空间科学和航天医学试验。为了加快工程步伐，科学家经过研究，将"天宫-2"号和"天宫-3"号的任务合并到一起完成。"天宫-3"号任务随之取消。

你的小心心可能很痒痒：中国新

🔊 "神舟-11"号即将与"天宫-2"号空间站对接

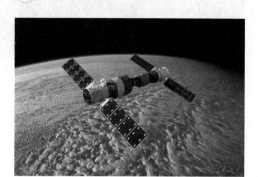
🔊 "神舟-11"号与"天宫-2"号空间站对接

一代空间站什么样呢?

现在告诉你吧!"天宫-1"号、"天宫-2"号是实验性空间站。中国新的长期载人飞行的空间站命名为——"天宫"号。它是一座组合式空间站,由5部分组成:"天和"号核心舱、"梦天"号实验舱、"问天"号实验舱、"神舟"号载人飞船、"天舟"号货运飞船。

"天和"号核心舱长约18.1米,最大直径约4.2米,发射质量20~22吨。它是空间站的管理与控制中心,分为:控制舱、生活舱、资源舱、气闸舱和机械臂等。"天和"号设计了5个对接口,可与各个实验舱、载人飞船和货运飞船对接,其中1个对接口供宇航员出舱活动。太阳能帆板分列两边,各长11米,宽4.6米,60块电池片。

"天和"号的控制舱负责整个空间站的飞行。生活舱像个小安乐窝,里面布置了航天员吃喝拉撒睡和长期生活的设备。这里还安装了一些科学仪器,开展工作和太空实验。资源舱安装了推进系统、电力系统、动力系统和能源供应系统等。"天和"号能与各个实验舱、载人飞船和货运飞船对接和飞行。

"梦天"号和"问天"号实验舱是进行各种科学实验的舱段。它俩全长约14.4米,最大直径约4.2米,发射质量约20~22吨。实验舱分为:工作舱、实验舱、资源舱、气闸舱和机械臂等。这里安装了各种观测仪器,观测地球和遥测太空。这里还安装了各种科学实验仪器,高纯度晶体、抗癌症药品、量子通信等,就可能在这里诞生。

"天宫"号空间站太重了,必须分别发射,太空组装。首先,中国发射"天和"号核心舱。核心舱入轨后,完成各种测试和技术验证。中国再分别发射"梦天"号和"问天"号实验舱,与"天和"号核心舱对接,组成空间站。

"天宫"号的各舱段既是独立的飞行器,具备独立的飞行能力,又可以与核心舱组合成多种形态的太空联合体,完成各项任务。"天宫"号空间站总质量可达100吨,未来可达180吨;长期驻留3名航天员和科学家,设计寿命为10年。它的轨道高度为400~450千米,轨道倾角42~43°。

"天和"号核心舱、"梦天"号和"问天"号实验舱由"长征-5B"火箭发射。"神舟"号载人飞船、"天舟"号货运飞船由"长征-7"号火箭发射。"神舟"号飞船运送航天员。"天舟"号飞船运送生活用品和科学仪器。

"天宫"号主要科学任务：验证生命保障系统的关键技术、航天员太空生活与工作、货运飞船试验等。它还将开展太空科学和航天医学试验及各种研究。

2022年，中国将建成"天宫"号空间站。2024年，国际空间站可能退役，"天宫"号将会成为世界上唯一在太空飞行的空间站。

未来，中国还将发射一个"巡天"号光学舱。它里面安装了一架2米直径的太空望远镜，分辨率与"哈勃"太空望远镜差不多，视场角为"哈勃"的300多倍。"巡天"号可以观测40%以上，大约17 500平方度的太空。"天宫"号，视野更开阔！

未来，中国航天一定还会有新的空间站出现，创造更多奇迹，让我们拭目以待。中国新一代空间站一定会带给我们更多的惊喜和震撼。

2020年5月5日18时00分，为我国载人空间站工程研制的"长征-5B"运载火箭，搭载新一代载人飞船试验船和柔性充气式货物返回舱试验舱，在我国文昌航天发射场点火升空。约488秒后，载荷组合体与火箭成功分离，进入预定轨道。首飞任务取得圆满成功，实现空间站阶段飞行任务首战告捷，拉开了我国载人航天工程"第三步"任务序幕。

"天宫"号空间站侧视图

"天宫"号空间站俯视图

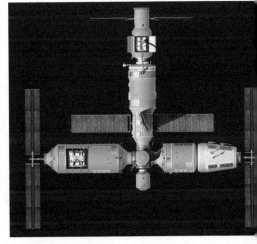

6.7 银河太空酒店

🔊 *沙维尔·克拉拉蒙特*

2007 年，银河套房有限公司成立，总部设在西班牙的巴塞罗那，创始人是出口便谈太空飞行的智多星——沙维尔·克拉拉蒙特。

沙维尔是西班牙媒体眼中的老顽童。这个航天工程师始终对太空情有独钟，成天充满奇思怪想，经常设计出令人惊讶的作品。

沙维尔的最终目标是建立世界上第一个太空酒店，向公众开放太空旅游。

沙维尔的设想得到多方支持。他激情澎湃地说：任何人只要愿意支付 400 万美元的太空旅游票价，就可前往距离地球 450 千米的银河套房，太空酒店生活一周，让科幻小说中的情景成真。

这太刺激了！据说已有 10 万人预定了银河套房太空酒店。太空旅游成为最刺激、最奢侈的产业之一。太空旅游不仅是高科技的旅游，也是高消费的旅游。

银河套房太空酒店是一种飘浮在太空的空间站。太空酒店的每个"房间"采取仿生学设计，像一颗颗葡萄。"葡萄"房间呈尖头椭圆形，直径 3.5 米，长约 6 米，相当于酒店的标准间。"葡萄"的外壳厚度约 10 厘米，采用高强材料制造，坚硬但舒适。

怎样将这种"葡萄"送入太空呢？先将"葡萄"放进太空飞机里，送到离地 450 千米的太空轨道，再将一个个"葡萄"联结在一起，就像一串葡萄。太空酒店每 90 分钟环绕地球一次，每一天迎接 16 个白天和黑夜。

太空酒店的旅游包含三部分：首先，太空游客在加勒比海的一座小岛上接受 8 周的太空旅游训练；然后搭乘太空飞机进入太空；最后入驻太空酒店，享受一周的太空生活。旅游很刺激，但中途不能反悔。

在失重状态下，卫生间设计具有很大的挑战。太空卫生间的抽水马桶是真空马桶，但没有水，不论大便小便，"嗖"的一下就抽走了。在太空，上卫生间也需要技巧。如果太空游客违反程序，必然会闹出笑话。

太空酒店的舷窗设计非常合理。如果你胆子大，可以把舷窗开大，从太空俯视整个地球，让地球在你眼前旋转、飞驰。如果你很开心，可以倒立着看地球，而且很轻松。如果你胆小，那就将舷窗关小，从窗缝里瞄一下身旁的星星。

在太空中，四周无依无靠，你一不小心看了一眼下方：天哪！仿佛掉进了无底洞，一直朝地球方向坠落、坠落……你会情不自禁地大喊救命！

为了打消人们对太空的恐惧心理，在太空旅行期间，太空飞机会始终同太空酒店连接在一起，让旅客们知道他们能有去有回。

🅐 一串葡萄似的太空酒店

2018 年，银河套房有限公司推出了新一代更豪华、更安全和功能更强大的太空酒店——为每个房间增加了 4 片太阳能帆板；增加了先进的通信设备，在太空照样可以玩手机、上网；天窗也更大更多，能仰望太空，还能俯瞰地球。

太空游是不是令人赏心悦目、心情舒畅？只有旅游者自己去体验了。

人生中好多东西都要学，但在太

🅐 新一代银河太空酒店

⬆ 飞船对接银河太空酒店

⬆ 泡泡浴与太空自行车

⬆ 太空度假：人生美景

空有些东西不用学，你就在不知不觉中会了。如，你可以自然飘起来；你还可以像壁虎一样贴在舱壁上，或者像蜘蛛侠那样飞檐走壁。如果谁能脚踏实地地行走，那倒是一门绝技。

太空洗澡，真好玩！在真空、失重的情况下洗澡，水立刻变成无数大大小小的水球，飞来飘去。泡泡浴的泡泡弥漫在空中，发出五彩缤纷的色彩。

在泡泡、水球中洗澡、游泳，简直爽极了。如果玩腻了，可围着圆形的房间骑太空自行车，同时看看窗外的太空奇景。

太空游客可以躺在房间看星星、看月亮、看太阳、看看自己的老家——地球。它们都近在咫尺，似乎伸手可得。偶尔也有一两颗流星拖着长长的尾巴飞过。如果注意一下，可以发现几颗卫星在眼前悄悄溜走。它们是运行在这个高度的低轨道卫星。

如果看见几个前方有很大天线或大镜头的卫星，那肯定是电子侦察卫星或照相侦察卫星。它们是间谍卫星，看见它们并不奇怪。幸运的话，你还能看见"哈勃"太空望远镜和国际空间站。它们与你走在一条航线上。

原来，不少专家对"银河"太空酒店的可行性存有疑虑，但现在一切成为现实。也许在不久的将来，在人类旅游史上，太空酒店也会像一般的假日酒店那样平常。

如果您已经预定了银河太空酒店，请一定记得带上太空旅游图。

6.8 时间静止的感觉

心有多大，梦想就有多大！

美国大亨罗伯特·本杰罗就是第一个真正勇于吃螃蟹的人。1999 年，他创建了本杰罗宇航公司。他只有梦想，完全靠有钱人的赞助支持研究。

2015 年，本杰罗宇航公司只有 50 名员工。公司很小，但富有想象力和激情，让许多世界级的大宇航公司对它刮目相看。

咱们能不能建造一个气球一样的充气酒店？本杰罗宇航公司经过数年研究，投入几千万美元，建造了第一个充气式太空试验舱"创世纪-1"号。它像一个个灯笼，由可充气膨胀的软壳模板组成，体积小巧，发射成本低。

本杰罗先生发誓让"创世纪"号太空酒店建在地球和月球之间的 500 千米的微重力区。这引来美国宇航局、许多大公司和亿万富翁们的赞助。

本杰罗宇航公司希望创造一个迷人的、让人倍感尊荣的太空旅游模式，让旅客感受到的是非常放松，而不是担惊受怕和烦躁。那些终有一天会搭上太空飞机的乘客，除了有幸品尝极速、超重和失重的滋味之外，更能尽情享受飞船下的奇景美色。你也许参加了太空旅游团，准备在太空酒店观看地球升起的壮观，体验时间静止的感觉。

时间静止是什么感觉呢？只有飞上太空才能体会。

"创世纪-1"号充气式太空试验舱，发射质量 1 360 千克，长 4.4 米，直径 2.54 米，可居住空间 11.5 立方米。充气式空间站造价便宜，质量很轻，升空前体积小，升空后容积很大。这非常符合空间站的要求。

2006 年 7 月 12 日，"创世纪-1"号发射升空，充气扩张的过程花了大约十几分钟，达到预期目标。"创世纪-1"号以 7.8 千米/秒、约 28 000 千米/时

罗伯特·本杰罗对充气空间站信心百倍

建造中的充气空间站舱段

的速度飞行，95.8 分钟环绕地球一圈，每天 15.03 圈。

"鹦鹉螺-330" 载人空间站比 "创世纪" 更大更复杂，乘员 6 名，发射质量 20~23 吨，长度 9.5 米，直径 6.7 米，内部居住空间 330 立方米，几个充气舱段就能组成一个小空间站。

为了让太空旅行更舒适，"鹦鹉螺-330" 由太阳能帆板和电池供应电力。特定的航天电子设备提供导航、再提高、对接等在轨机动。环境控制和生命支持系统可支持多达 6 人，4 个大舷窗都有紫外线保护膜涂层，同时支持地面和天体观察。

"鹦鹉螺-330" 空间站的 "皮肤" 使用高强度的纺织品和高强力的芳纶纤维材料制成，高张力材料包裹了近 20 多层。"鹦鹉螺-330" 空间站又轻又坚固，特别是能忍耐微流星、太空碎片和太空辐射的伤害。优越的辐射防护和弹道防护，相当于国际空间站的水平。

本杰罗先生已经掌握了开启太空大门的秘密，又研制了四种充气空间站："天行者" 号、"阿尔法" 号、"布拉沃" 号和 "奥林巴斯" 号。

"天行者" 号载人空间站可能是世界上第一座私人的空间站。"天行者" 号空间站乘员 5~7 名，质量 10 吨，长度 30 米，直径 6.7 米，居住空间宽敞，几个充气舱段就能组成一个小空间站。

2018 年 1 月 1 日止，"创世纪-1" 号在轨时间 4 277 天，环绕地球飞行 63 190 圈

"鹦鹉螺-330" 空间站

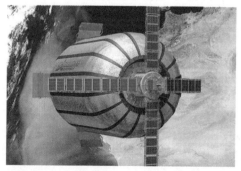

充气空间站的内部　　　　　　　　　"阿尔法"号空间站与飞船对接

"阿尔法"号空间站乘员 12 名以上，居住空间 690 立方米。它支持零重力研究，包括科学任务和制造工艺，还可以作为一个太空旅游的停靠港，以及月球、火星的发射基地，甚至可作为太空游艇。

山外有山，天外有天！

根据人类星际旅行的概念，"奥林巴斯"号空间站被设计为一个更大、更重、更强大的空间站。"奥林巴斯"空间站乘员 16 名，质量可能在 65~70 吨，长度 17.8 米，直径 12.6 米，居住空间约 2 100 立方米，相当于 32 辆 51 座大巴的内部空间。根据美国宇航局要求，"奥林巴斯"号空间站也可能质量高达 100 吨，提供 3 240 立方米的居住空间，比国际空间站多近 2.1 倍的居住空间。

本杰罗先生满怀激情地说：人类又要登月了，还要登陆火星。充气空间站很轻，可以随飞船一起飞往月球。当到达月球，它一旦充气，摇身一变，就可以作为月球基地的舱房。

充气空间站又轻又小，在火星轨道充气，就是一个最好的火星空间站，可长期飞行。不论火星空间站何时实现，充气空间站已经进入火星计划。

气体也是一种力量！

"奥林巴斯"月球基地设想图　　　　　　"奥林巴斯"火星空间站设想图

6.9 太空巡洋舰

科学家对空间站的要求越来越高，也要求其功能越来越多。

"鹦鹉螺-X"号空间站是一个多任务太空探索飞行器，由美国宇航局设计。"鹦鹉螺-X"号核心舱呈六角形，宽 6.5 米，长 14 米。它采用变形金刚一样的模块化设计，包括通信系统、导航系统、飞控系统、推进系统、生命保障系统、机械手臂、飞船对接口、着陆系统等。根据任务，再调整相应模块。

"鹦鹉螺-X"号可持续 1~24 个月，6 名乘员，安装本杰罗宇航公司的充气太空舱。为了减少微重力对人体健康的影响，"鹦鹉螺-X"号配备了环形离心机，人工模仿制造地球重力。

最初，"鹦鹉螺-X"号的科学任务是：根据访问目标，它位于地球与月球或地球与火星的 L_1 或 L_2 拉格朗日点；在月球或火星的长期任务中，它作为中途停留的停靠站和服务站；如果在月球或火星发生紧急情况时，它可充当应急站和医院。"鹦鹉螺-X"号真是一个华丽的多面手。

后来，美国宇航局发现这种拥有人工重力的空间站非常实用和经济，科学家提出"鹦鹉螺-X"号应该能够运行在地球、月球、火星轨道，充当地球空间站、月球空间站和火星空间站。

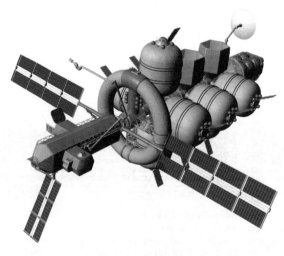

"鹦鹉螺-X"号上的充气太空舱

人类在太空生活，一个大麻烦就是失重。失重会引起一系列糟糕的生理变化，如心血管疾病、肌肉萎缩、骨骼疏松等太空病，工作和生活非常不方便。科学家设想：在空间站制造人工重力，克服太空失重。人类再也不必飞翔着前进，也不必再吃那种塑料袋里的食品，而是可以舒舒服服地躺在床上睡觉，可以像在地球一样工作和生活。

　　在太空制造人工重力，说起来容易做起来很难。这是科学家一项艰难的命题。目前，科学家设想了两种制造人工重力的方法：离心法和旋转法。

　　离心法：利用离心机的原理，在空间站的工作生活舱安装一台离心机。离心机快速旋转，就会产生重力。离心法技术简单，但缺点很明显。离心法只在工作生活舱产生小范围重力，身体各部位感受到的重力不一样；离心机的速度让人头晕，总感觉在翻筋斗；而且有向一边倒、朝外甩的感觉。

　　旋转法：建造一座直径几千米大的巨型空间站。整个空间站缓慢旋转起来，产生仿真地球的人工重力。旋转法效果明显，但技术难度很大。如果建造一座 2 千米直径的空间站，居住 1 万人，一分钟旋转一周，就能得到适应人类的重力。目前，人类建造这么大的空间站，只能在想象中。

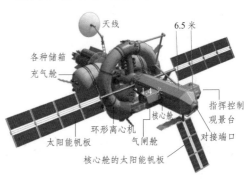

"鹦鹉螺–X"号空间站结构

　　美国宇航局为"鹦鹉螺–X"号设计了一个离心机，多少能产生一些重力，进行科学实验和为将来的空间站人工重力打下基础。这个离心机直径9.1 米和 12.2 米，转速 4~10 圈/分。美国宇航局曾发布消息："鹦鹉螺–X"号将成为世界上第一座制造人工重力的空间站。

　　"鹦鹉螺–X"号的核心舱和离心机已经造好。本杰罗宇航公司的大型

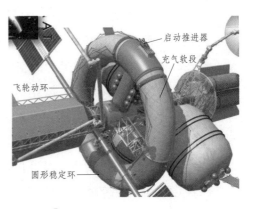

"鹦鹉螺–X"号的环形离心机

充气太空舱是现成的。美国宇航局准备用重型运载火箭发送"鹦鹉螺-X"号,"猎户座"飞船运送宇航员,"龙"号货运飞船运送货物。

"鹦鹉螺-X"号发射后能支持 6 名宇航员的长期任务,保证 1~24 个月的自我维持和自我供电。在太空旅程中,"鹦鹉螺-X"号能够自力更生,支持宇航员返回和降落,支持装载各种科学仪器执行各种任务。

 "鹦鹉螺-X"号空间站

如果不出意外,美国宇航局号称"太空巡洋舰"的"鹦鹉螺-X"号,有望不久将悬挂在太空。

6.10 智慧和魅力

一闪一闪亮晶晶,满天都是小星星;

挂在天空放光明,好像千万小眼睛······

现在,体现人类智慧和魅力的空间站终于成为人类文明的大星星,在太空闪闪发光。科学家正在计划、设计、发射、建造各种空间站,作为人类登陆月球、火星和小行星,进入宇宙空间的基地。

未来 50 年内,人类将在太空建设一座座更大规模的空间站——太空城。太空城将是人类的天上街市、梦寐以求的"天宫"、西方神话中的"天堂"。

人类设想了各种空间站,咱们美图共赏。

⬆ "迷魂草"号空间站

⬆ "星际迷航"号空间站

⬆ "超越时空"号空间站

⬆ "光子"号空间站

⬆ "吉普赛"号空间站

⬆ "独角兽"号空间站

⬆ "梦幻"号空间站

⬆ "灵魂陀螺"号空间站

第**7**章
爱**丽丝仙境**
>>>

为什么面部浮肿、眼睛充血、青筋暴起、身体长高？一只大猩猩突然窜入，大闹太空？太空卫生间到底什么样？为什么太空里存在细菌？这是一个神奇、严谨的科学世界，又仿佛一个奇妙、幽默的童话世界。谁在展示科技和勇气？

7.1 传奇与神圣

　　地球变得越来越拥挤，资源越来越贫乏。科学家正在向太空要空间，要资源，要未来。太空将给人类文明、社会进步和世界繁荣做出更大的贡献。虽然，太空科学十分困难、微妙、深奥和渺茫，但最后的胜利者将是全人类。

　　空间站是人类太空移民的试验场，可以让人类梦想成真。

　　空间站是一种大型、长期飞行的航天器，也是最聪明的航天器，里面安装了世界上各种最先进的科学仪器。

　　空间站是一座观测站。在空间站上，科学家可以观测人类活动对地球环境的影响，研究龙卷风、台风、水灾、地震、火山爆发，以及长期或短期的气候和环境变化；研究地球大气层的气溶胶、臭氧、水蒸气和氧化物变化，以及对地球的影响。

　　空间站是一座天文台。科学家在此研究太空、天文和宇宙，研究太阳、行星、小行星、彗星等天体对地球的影响；探索宇宙射线、宇宙尘埃、黑洞、暗物质、暗能量、引力波的奥秘，论证宇宙大爆炸、弯曲空间

　空间站最重要的工作：观测地球、保护地球

国际空间站观测到地球火山爆发的惊人场面

的可能性……不仅研究极为方便，而且成就很大。

空间站是一座科学实验室。太空属于高真空、高洁净、微重力、高能粒子辐射、大范围温差变化的空间。这是地球上没有的。科学家在这里可以很容易就获得地面上难以得到的产品。高能粒子辐射能改变植物种子的特性和基因，培养出各种奇异绝妙的品种。

空间站是一座太空工厂。太空里到处都是真空环境，但地球上很难实现。许多药品、晶体、冶炼需要在真空、洁净的环境下制造。在太空，人类可以制造各种高精尖的精微产品和科学仪器，还可以进行尖端的科研，如基因芯片、DNA 试验、生命科学实验等。生命科学是空间站的一项重要研究工作。

空间站是一个航天基地。在空间站发射卫星非常方便，还可为航天器进行运输、维修等工作。宇航员太空行走，组装修理空间站和航天器。它还可作为前往月球、火星和小行星等太空任务的临时基地。未来，人类将移民太空，移民火星等星球。空间站为未来人类移民太空，建设太空城积累经验。

空间站是一个神奇、严谨的科学世界，又像一个奇妙、幽默的童话世界，不仅展示科技的力量和勇气，也体现科技的魅力和温度。未来，人类将移民太空、空间站为未来人类移民太空，建设太空城积累了经验。

现在，让我们进入空间站，翱翔在茫茫太空，体验极限速度下的快乐，如同走进爱丽丝仙境！

国际空间站很大，拥有 10 多个舱段。它像搭积木一样，将舱段慢慢连接和建造起来。1998 年 11 月 20 日，第一个舱段发射升空。2011 年 12 月，最后一个组件发射上天，国际空间站建造完成。国际空间站质量 420 吨，长度 72.8 米，宽度 108.5 米，高度 20

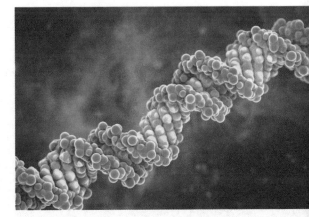

空间站研究生命科学，护佑人类健康

米，轨道速度 7.66 千米/秒，27 600 千米/时，92.68 分钟环绕地球一圈，每天环绕地球飞行 15.54 圈。

国际空间站上最大的舱段是日本的"希望"号。这是一个实验室，用于太空医学、生物学、地球观测、材料生产、生物技术和通信等研究，并安装了种植植物和养鱼的设施。2011 年 8 月，宇航员在天文台用 X 射线光谱扫描整个太空，首次探测到恒星被黑洞吞噬的那一刻。

"哦！真酷，我长高了！"

2018 年 1 月 10 日，国际空间站上的日本宇航员金井宣茂在网络上写道："大家早上好！今天，我宣布一个重要消息。我们刚刚测量了身体……哇哦，哇哦，哇哦！我竟然已经长高了 9 厘米！我在 3 周时间里就像植物一样长高了……我有点儿担心，当返回地球的时候自己是否还能坐进'联盟'号的座位。"

在太空的微重力环境下，宇航员长高是正常现象。当回到地球后，他们就会变回正常的身高。

由于没有引力，空间站处于微重力或零重力的失重状态。你看，燃烧试验中，地球上的火苗为水滴形，空间站上的火苗为圆形；水试验中，一瓢水泼出去，立刻缩成一个圆球，非常圆而晶莹剔透——特别令人惊讶的是，水球像照相机镜头一样：图像是上下颠倒的。

人体的血液和体液也是液体。在地球上，人的体液因为地球引力，朝下流得多，头部较少。在失重环境中，你的血液和体液平均分配。这时，头疼得厉害、眼睛充血、青筋暴起，脸部也会肿胀起来，誉为"月亮脸""太

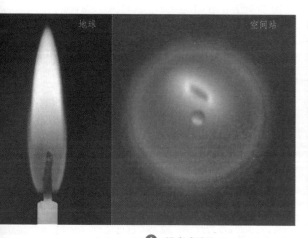

地球　　　空间站

🚀 燃烧试验

🚀 失重的水球：很圆，但还有一点点地球引力。气泡也跑不出来

空脸"。在空间站的头几天，很多人都会呕吐、视觉模糊、听力下降。

在空间站上，由于没有引力，你只能漂浮在空中。人跟婴儿一样，需要重新学习呼吸、说话、喝水、吃饭、方便和走路！

空间站环境与地球环境完全不一样，但为了尽量仿真地球环境，空间

日本女宇航员山崎直子的"月亮脸"：面部浮肿、眼睛充血、青筋暴起

站里安装了空气调节器，可以调节空气成分、压力和温度。空气成分及比例与地球一样，气压为 1 个大气压，温度在 18~25℃ 左右。你只要穿普通衣服就行了。

空间站里的空气清新、滋润、氧气充足，就好像天天在大森林里。如果问你与地球上的空气相比，哪个更好？你一定会抽抽鼻子，自豪地说："地球上的空气更好！味道是甜的！"

空间站运行在 400 千米的高度，每天环绕地球飞行 16 圈。每天能看到 16 次日出和日落，每天有 16 个白天和晚上。这很幸福，也更苦恼，因为分不出到底是白天还是黑夜，也分不清时间。空间站上实行 8 小时工作制，一天三班倒，安排一天的生活和工作。

美国女宇航员玛莎·埃文斯演示失重状态下长发飘起来的样子

空间站上发生事故怎么办呢？虽然空间站远离地球，飞得很高，但它的小命一直捏在地球人手心里。地面飞行控制中心一直监控着空间站的运行，发现飞行错误就立刻纠正。空间站上一直停泊着两艘以上"救生艇"——飞船。万一空间站发生重大事故，宇航员马上乘坐飞船撤离。

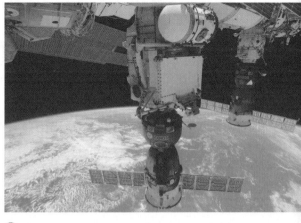

"救生艇"——俄罗斯"联盟"号飞船随时待命

这不是激光枪，是用于拧紧螺丝的太空螺丝刀，宇航员们喜欢称它为 PGT

"大闹"太空站的"大猩猩"

宇航员来自各国，远离祖国和亲人。他们相敬如宾，共度艰难而美好的时光。如果想家了，他们可以打个视频电话，问下家人的情况。

在空间站里，没有妙手回春的神医，更没有灵丹妙药，只有紧急医疗包。每位宇航员都接受过紧急医疗训练。如果患上急症或有生命危险，就搭乘"救生艇"返回地面。幸好，宇航员们个个身体倍儿棒，吃嘛嘛香，50多年了，从未动用过"救生艇"。

在国际空间站，人数少则 3 人，最多时 13 人；时间少则十天半月，多则一年多。宇航员们非常寂寞和孤独，但他们意志非常坚强，也很乐观，还是将小日子过得有声有色、精彩纷呈。

2016 年 2 月 23 日，一只"大猩猩"突然窜入国际空间站，吓得宇航员们四处逃窜——其实这是美国宇航员斯科特扮演的，形象逼真，惟妙惟肖。

怎样在空间站吃饭呢？

太空食品都是由营养师配置的，营养丰富，搭配合理，味道不错。太空食品都是冷冻干燥和真空包装的方便食品，装在塑料袋、罐头瓶或管状的容器里，像罐头和牙膏，吃多少挤多少。

空间站上有几个大冰箱，保存新鲜食物和水果。在空间站上只有电烤箱、电磁灶、微波炉，没法明火做饭。当年，电磁灶、微波炉都是为宇航员发明的。

在太空中吃东西，舌头上的味蕾麻木了，会有不同的味道。

吃饭的时候，宇航员必须将自己固定在凳子或墙上，捧牢特殊的盘子，不让食物和盘子飘走；嘴巴不能让吃进去的东西溜出来。

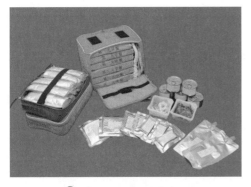

中国航天员的太空食品

如果想喝可乐、啤酒和威士忌，可以！但必须用吸管吸。宇航员能喝酒吗？完全可以！但都是低度酒。如果食用固体食物，你必须用刀叉吃。刀叉都放在一个带磁铁的盘子里，以防飘走。任何食物飘走，包括面包屑，都必须立即收集，以防堵塞空气过滤器和其他科研设备。

国际空间站站长惠特森做的太空奶酪汉堡

空间站宇航员用微波炉烤太空比萨

　　太空中最奇特的经历之一是：地球上最简单的事情，空间站上最麻烦的事情——睡觉。到底是白天睡还是晚上睡？一个方法：想睡就睡！将舱窗遮住，制造黑暗，冒充夜晚。

　　宇航员将卫生间美其名曰"化妆间"。在国际空间站里，俄罗斯设计了两个卫生间，分别位于"红星"号和"宁静"号舱里。太空卫生间的科技含量非

各种奇怪的睡姿：横着、竖着、倒着、斜着，都可以做个美梦

在空间站上睡觉非常爽！无论你想怎么睡都没问题。你可以把睡袋随便绑在舱壁上、天花板上或地板上，但一定要把自己固定在床上，不然晚上就要四处"梦游"了。

你要把身体放进睡袋，再黏紧周围的魔术贴带，保证自己睡在睡袋里。这时，你把自己的头绑在一大块泡沫塑料——枕头上，扣紧尼龙搭扣带，并让脖子放松。如果你不把胳膊塞进睡袋里，早上醒来时，突然看到一只手臂漂浮在你的面前，保准吓一跳！

🚀 在太空，任何姿势都能吃饭或睡觉

常高，但使用起来很麻烦。比如因为失重，男宇航员小便一不小心就会尿水四溅。同样，在卫生间大便也是个技术活！马桶是真空马桶，一吸便便就干净了。你先要把双脚、下身固定好，双手握住马桶两边的扶手。最重要的是屁股必须与马桶边缘贴紧，将马桶内部与外界完全隔绝，要不然排泄物就会飘出来乱飞，污染环境。

在空间站里除了空气之外，最重要、最珍贵的生活必需品是——水。

货运飞船和航天飞机穿梭往返，为空间站运来来自地球的水。每一升水的运费2万欧元。为了节约用水，空间站上安装了水分搜集器，搜集来的水分过滤后变成纯净水。

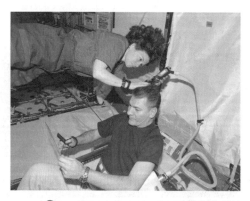

🚀 太空理发：理发与吸发一次完成

在太空怎么刷牙、洗发、理发和洗澡呢？刷牙，就用一种可食用的牙膏，糊弄几下；洗发可以在头上套一个塑料袋，躲在里面慢慢洗，或者用清洗液洗发，都不用冲水。

理发相当麻烦，必须防止碎发到处乱飘。幸好，一种理发加吸尘的专用神器——真空吸尘器诞生了，可从空中吸收自由漂浮的头发微粒。

洗澡一般都是用湿巾擦一下身体。最豪华、奢侈的洗澡就是钻进一个大塑料袋。这里仿佛花园里的游泳池，就是一片"汪洋大海"。你只能躲在里面轻轻地洗澡，以免水溅出来。

7.2 太空乐园

在太空站，除了科研观测，也有一些运动和娱乐，让这些远离地球的人们快乐度过空中的日子。

在太空，宇航员的运动量大大减少，身体会萎缩，失去健壮的骨骼和肌肉。为了防止这些损害，宇航员每天必须花两小时锻炼身体。空间站里也有健身房，一个跑步机、健身器和一辆自行车等。宇航员在健身或骑自行车时，千万要用绳索捆扎自己，以防锻炼时飞起来，撞上舱壁。

⬆ 比利时宇航员弗兰克·德维尼在跑步机上锻炼

在空间站也能过太空圣诞节呢。2000年11月2日，"远征-1"科考队代表人类第一次登上国际空间站。圣诞节那天，宇航员们庆祝他们在太空的第一个圣诞节。从此，每当圣诞节，科考队员们就会举办庆祝活动，享用传统的圣诞节晚餐。

在国际太空站庆祝圣诞节很热闹，

⬆ 2011年12月25日，"远征-30"科考队成员展示圣诞树，欢度圣诞节

太空礼物来了，美国宇航员丹尼尔·塔尼（右）翻个筋斗庆祝一下。左为俄罗斯宇航员尤里·马连琴科，中间为美国宇航员、指挥官佩吉·惠特森

科学家、宇航员会与他们的家人、地勤人员一起欢度圣诞节。宇航员们也会戴着圣诞帽，分享各国美食，互相祝福。另外，每当新年元旦及中国春节，宇航员们也会敲响新年钟声，大唱赞歌，并向地球发出新年祝福。

你相信吗？空间站里也能举办音乐会！

在国际空间站，宇航员已经举办过多次音乐会。许多宇航员自以为嗓音优美、歌声嘹亮，自告奋勇充当歌唱家，有的还模仿帕瓦罗蒂演唱《我的太阳》。尽管五音不全、鬼哭狼嚎的歌声响起，宇航员们就东逃西窜，但确实给太空站带来了快乐。

韩国第一位宇航员是一位女宇航员——李素妍。她是一位生物技术博士和专家。2008年4月8日，她搭乘"联盟-TMA 12"飞船飞往国际空间站。当天晚餐，李素妍请客，让美国、俄罗斯宇航员一起享用韩国太空食品——泡菜。

4月12日，是纪念人类首位宇航员尤里·加加林太空飞行的"国际宇航员日"。李素妍能歌善舞，为太空同伴们献上一曲著名民歌——《小白船》。宇航员们一面品尝泡菜，一面欣赏音乐会：这回我们没逃跑，真好听！

韩国第一位宇航员——李素妍

美国女宇航员凯瑟琳·科尔曼是一位化学家和美国空军上校，曾研发了病毒疫苗。她曾三次飞赴太空，共在太空飞行了180天04小时，研究基因组测序和病毒。凯瑟琳多才多艺。2011年4月12日，为纪念加加林太空飞行50周年，她为俄罗斯国家电视台演奏了长笛。优美、悠扬、欢快的长笛声，从太空传到地球和俄罗斯，送去了来自太空的纪念和祝贺。

2014年6月12日，第20届足球世界杯在巴西开战。从地面到太空，全世界掀起欢呼的浪潮。美国宇航员、国际空间站指挥官史蒂夫·斯瓦森提议："地球上才刚开战，咱们也玩一场，先决出胜负！"

德国宇航员亚历山大·格斯特应战："玩就玩，谁怕谁呀！"

当时，国际空间站正位于距离地球 450 千米的太空，速度 7.8 千米/秒。国际空间站上有一个德国人，两个美国人，三个俄罗斯人。他们各自代表自己的国家参加太空世界杯。宇航员在零重力下踢球，不论比分，友谊第一。他们说："我们在太空足球比赛，太好玩了！上帝也做不到！"

⬆ 凯瑟琳·科尔曼在国际空间站里倒着吹长笛

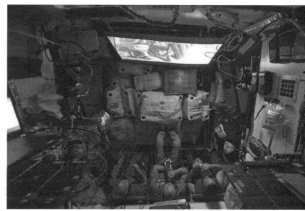

⬆ 在空间站里看电视：躺着、侧着、颠倒着，都可以

⬆ 太空足球：世界上"最高端"的运动

7.3 太空实验

俄罗斯宇航员安东·什卡普列罗夫是俄罗斯空军高级飞行员教练和宇航员。他是一位太空飞行了三次的老兵，太空飞行了 365 天以上，曾任国际空间站站长。安东已经进行了两次太空行走，共计 14 小时 28 分。

2012 年 2 月 16 日，安东和奥列格·科诺宁科进行太空行走。他俩安装了实验材料样品，研究太空对材料力学性能的影响，还在"星辰"号服务舱外的绝缘层下收回了一个样本，以寻找任何"天外来客"——生命体的迹象。

"天哪！国际空间站发现活细菌。"安东说，1998 年，国际空间站发射时经过严格消毒，没有任何细菌。这些活细菌定居在国际空间站外表面，疑似来自外星球和太空。经过国际空间站上初步检测，证明这些细菌对人类无害，已经送回地面进行进一步研究。

地球活细菌在国际空间站外部很难生存。因为这里是真空环境，每时每刻遭遇强烈的太阳辐射。科学家发现：细菌细胞在太空中会发生变异。科学家曾做过试验：大肠杆菌等细菌在太空中会"变身"，变得难以被药物杀灭，耐药性更强，细胞体积变小，同时加厚细胞膜来保护自己。这些太空细菌又有怎样的特性呢？细菌们怎么会活下来和繁殖呢？这简直匪夷所思！它们可能来自太空，以令人惊叹的方式存活。这引发了科学家对太空生命的更多想法。

科学家认为：人类寻找多年的外星生命，其实早已经访问过地球和人类了。

双胞胎，好玩儿。

在美国宇航局，有世界上唯一飞上太空的双胞胎宇航员：哥哥斯科特·凯利和弟弟马克·凯利。他俩都是聪明的脑袋不长毛型的宇航员。他们样子很像，性格很像，连参加美国海军也是同一天。

2012 年 11 月，美国宇航局制定了一个基因研究计划。科学家召见了这对同卵双胞胎宇航员。

"美国宇航局想进行一项研究计划。你们一个在太空，一个在地球，进行一次基因研究。我们想看看太空环境对人类基因会产生什么影响。"

"这就是一次航天医学实验，造福人类。你们就把我们当成两只小白鼠吧！"

双胞胎要进行航天医学实验喽！连美国总统奥巴马也在白宫办公室接见了马上飞天的哥哥斯科特。

这是一次生命科学、基因医学、航天医学实验。

2015 年 3 月 27 日，斯科特搭乘"联盟"号飞船飞往国际空间站。2016 年 3 月 1 日，他又搭乘"联盟"号飞船返回地球。这次，他在国际空间站生活了 340 天，环绕地球飞行了 5 356 圈。斯科特一共 5 次上太空，太空飞行了 520 天。他创造了两项美国宇航员纪录：一次太空飞行时间最长、总计太空飞行时间最长。

科学家发现：斯科特的细胞染色体端粒变长了。这是个好消息：人类在太空能延长寿命！坏消息是：当回到地球，斯科特就迅速恢复到了正常值。

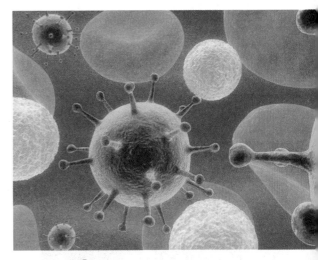

🔶 国际空间站的细菌

🔶 双胞胎宇航员：哥哥斯科特（右）和弟弟马克

🔶 美国总统奥巴马在白宫办公室接见斯科特

美国的遗传学家赫尔曼·穆勒和芭芭拉·麦克林托克都曾获得诺贝尔奖。20 世纪 30 年代，他俩发现了端粒结构的存在。2000 年后，美国科学家、旧金山大学的伊丽莎白·布莱克本、霍普金斯医学院的卡罗尔·格雷德、美国哈佛医学院的杰克·绍斯塔克，揭开了端粒与人类衰老、罹患癌症等疾病的奥秘，获得 2009 年的诺贝尔生理学或医学奖。

🔊 斯科特进行生命科学、基因医学、航天医学实验

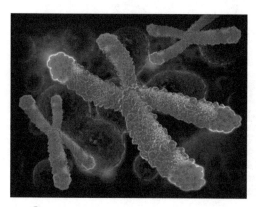

🔊 人体细胞染色体末端的端粒（红色部分）

人体细胞染色体末端有一种端粒。端粒就像基因的帽子，保护基因重要信息不丢失。细胞的染色体每复制一次，端粒就缩短一点。细胞分裂次数越多，端粒磨损越多，细胞寿命越短。端粒与细胞老化、人类寿命有密切关系。如果端粒消耗完了，细胞和人体也就走向死亡。

如果知道了端粒的长短，就知道了细胞寿命的长短，也就知道生命的长短。这是生命科学、基因医学、航天医学的最前沿领域。

科学家确认：太空生活会改变人类基因的表达方式。他们发现长时间的太空生活，会永久性改变 7%的 DNA，改变了基因打开和关闭的方式。科学家说："那看起来就像是烟花绽放一样。"

科学家评价：这个实验的结果非常令人振奋。它是目前关于人类生物学最前沿的报告。我们将了解保护和修复遗传变化的方法，为更远的太空任务做准备。人类完全可能进行基因编码，治疗疾病并长寿。人类会非常长寿，可以登陆火星，甚至更远的深空。

在空间站里，宇航员经常报告说："在太空飞行时，我们的味蕾会变得迟钝。"

科学家解释道：在失重和重力降低的环境下，宇航员身体中的液体会均匀地四散移动。当液体挤满脸部，会感觉类似于寒冷的堵塞，降低嗅觉能力。

科学家认为：这种现象与空间站实验室里的其他气味与食物的香味相竞争有关。

在太空站，宇航员很难吃到新鲜蔬菜和水果。未来，长时间的太空任务将要求宇航员自己种植食物。科学家了解植物对微重力的反应，就是朝着这个目标迈出的重要一步。2003年，俄罗斯曾在空间站"星辰"号服务舱进行过多次植物生长实验，效果不错。

2017年1月20日，美国女宇航员佩吉·惠特森在国际空间站开辟了一小块"菜地"，号称"太空花园"。"太空花园"里没有土，只有6块塑料海绵。一种营养液代替肥料，紫外线代替阳光。惠特森种了6颗中国大白菜。

2月17日，近一个月后，惠特森终于收获了第一批大白菜。这是国际空间站收获的第五种绿叶蔬菜。由于在失重环境下，大白菜长得又细又长，根本包不起来。惠特森仍然很高兴：长大就是胜利！味道好极了！

未来，空间站有了重力，一定能种出最完美的大白菜。

⬆ 2003年3月9日，俄罗斯"星辰"号服务舱的植物生长实验：水珠，滋养生命

⬆ 2003年4月5日，俄罗斯"星辰"号服务舱里，羞答答的兰花，静悄悄地开

⬆ 惠特森在空间站"太空花园"种出来的中国大白菜

 7.4 快乐小牛

宇航员们常常将自己比喻为快乐小牛，努力干活，多做实验，多做贡献。宇航员到空间站一项重要工作就是舱外活动。

当进行太空行走时，宇航员身穿宇航服。宇航服保护宇航员在恶劣的太空环境中免受极端冷热、太空尘埃和太空辐射的伤害。宇航服也让宇航员在太空行走时能呼吸氧气和饮水。

宇航员太空行走，到底能干什么呢？其实，太空行走的任务很多，如从航天器外部收取胶卷、试验品、科研仪器等，组装和修理空间站，施放卫星等航天器，进行太空科学实验等。宇航员在月球、火星、小行星上太空行走，可以安装各种探测、试验仪器，进行地貌、地质等科学考察，还可以开着太空车，奔驰得更远。

太空行走，需要胆略、勇气、技术和智慧。宇航员们太空行走创造了无数奇迹和世界纪录，对人类科研贡献巨大。

美国宇航员罗伯特·科宾（左）和欧空局宇航员克里斯特·福格桑维修国际空间站。这时，国际空间站恰好飞越新西兰的库克海峡

美国宇航员史蒂芬·罗宾逊站在太空机械手臂上，进行航天飞机的首次飞行修理（背景是索马里的巴里地区）

美国宇航员罗伯特·本肯在太空行走，建设和维护国际空间站。背景为黑暗的太空和地球的地平线

美籍华裔宇航员张福林太空行走，站在机械臂上移动，展示人类的魅力和勇气

 # 7.5 追寻未来时空

怎样才能到达空间站呢？

如果想到国际空间站，宇航员可以从俄罗斯拜科努尔航天中心，乘坐"联盟"号飞船赶赴国际空间站；也可乘坐美国"龙骑士"飞船、"太空船-2"号太空飞机启程，前往国际空间站。

宇航专家提醒：如果坐俄罗斯飞船去，2018年的航天票价约8 000万美元，挤一点但安全一些。如果乘坐"龙骑士"飞船，航天票价3 000万美元。如果乘坐"太空船-2"号太空飞机，航天票价2 000万美元。

不管坐什么升空，到太空工作总是一件令人快乐的事情。

空间站利用地面无法提供的太空微重力状态的有利条件，进行各项科学实验。科学家们长期进行一系列科学试验，如人体科学、太空医学、生命科学、太空科学、物理学、天文学、气象学、化学、材料学等实验。

空间站推动了宇宙学、宇宙天文学、理论天文学、天体物理学、轨道力学、轨道动力学、恒星天文学、行星天文学、银河系天文学、物理宇宙学、天体生物学、天体化学、行星科学、地球科学、航天学、微重力环境学、流体力学、能源动力、生命支持系统、反辐射危害等方面的研究和发展。

↑ 宇航员正在进行科学实验

↑ 国际空间站的舱口——穹顶舱，可以观测、出舱、拍摄，功能很多，功劳很大

↑ 俄罗斯堪察加半岛克罗诺斯基自然保护区的火山（红外彩色照片）

空间站的意义十分重大，对未来的太空探索会产生重要影响。它为航天科学、生命科学、信息科学贡献巨大；为建造太空工厂、太空发电站、太空城以及太空旅游提供经验，向登陆月球、登陆火星、深空探索等远大目标前进了一大步。

目前，在太空运行着的国际空间站是国际合作、共同探索和开发宇宙空间时代的典范。它成为新型能源、运输技术、自动化技术和下一代传感器技术的测试基地。

请擦亮眼睛，注意一下遥远的太空。不久后，我们在地球上除了能用肉眼看见太阳、月球，还可以看见一颗新星——中国的新型空间站。它将闪耀中国力量的光辉，缓缓划过太空，追寻未来时空。

↑ 太空拍摄的油画：澳大利亚大面积的红色大陆，四周海水的颜色绚烂

↑ 撒哈拉沙漠的桑迪沙丘；这到底是如何形成的呢

飞船搭乘火箭飞天，十分危险和复杂。怎样在天地之间安全而自由地飞行呢？航天飞机登上太空舞台，开创了人类航天的新时代，为未来的太空飞机开辟了光辉的航线。细节决定成败，态度决定一切！

8.1 挑战极限

冷战时期，苏美两个超级大国一直进行太空竞赛。

1969 年 9 月，美国副总统斯皮罗·阿格纽向总统尼克松报告：火箭发射很不安全，成功率只有 90% 左右，而且飞行一次就报废了。美国必须研制一种能够重复使用、自由进出大气层的航天飞机。

"航天飞机？它能代替火箭吗？"尼克松总统陷入沉思。

"NO！但它比火箭前进了一大步，是一种太空飞机，可重复使用。美国宇航局已经做好各项准备，就等您批准了！"

1972 年 1 月，美国正式开始秘密研制航天飞机，尼克松要求务必保守秘密。

⊙ 夜幕下的航天飞机

1973 年，美国宇航局和科学家克服了无数的困难，最终拿出三位一体的航天飞机方案。美国集中了 200 多所大学、研究所，几千座工厂，十几万专家、工程师和科技工作者研制，航天飞机终于登上太空的历史舞台。

美国宇航局局长骄傲地宣布："美国航天飞机是世界上第一种载人飞行、可重复使用、往返天地之间的航天器。

"它很能干！每架轨道飞行器可重

太空飞机

太空飞机是指在天地之间可重复、多次飞行的飞机和航天器。

太空飞机分为两种：一种是垂直起飞，水平降落；一种是水平起飞，水平降落。

第一种，搭乘火箭垂直起飞，重返地球时水平降落，如美国的航天飞机。

↑ 太空飞机：水平起飞，水平降落

第二种，是未来和理想的太空飞机，从普通机场水平起飞，从普通机场水平降落。如果发生小的意外，它仍可以重新起飞和重新降落，大大提高了安全性和可靠性。

那种垂直起飞、水平降落的飞机只是一种过渡机型的太空飞机，所以称为航天飞机。水平起飞、水平降落的飞机才是真正的太空飞机。

复使用 100 次，每次最多可将 27.5 吨的科学仪器送入低轨道，将 14.5 吨的科学仪器和废物带回地面。

"航天飞机最多可乘坐 10 名宇航员，太空飞行 7~30 天。我再告诉你们一个好消息！航天飞机可进行会合、对接、停靠，运送人员和货物，进行太空科学试验，以及卫星发射、检修和回收等任务。它是个拥有无限魅力的窜天猴！"

美国各大媒体纷纷报道："美国第一架航天飞机即将试飞。它将自由进出大气层，开辟一条崭新的航线。"

航天飞机，又名太空梭、太空飞机，真名是太空运输系统，英文缩写为 STS。

航天飞机是一种太空飞机，由三部分组成，称为三位一体方案：一架黑白相间的可多次使用的轨道飞行器；两个白色的可回收重复使用的火箭助推器；一个橘黄色的不可回收的外挂燃料箱。

燃料箱在中间。轨道飞行器固定在燃料箱的前部。两个火箭助推器分别固

这个窜天猴非常庞大和复杂，上百个系统，超过 250 万个零部件。原来，美国航天飞机预算为 75 亿美元，相当于 2010 年的 430 亿美元。航天飞机每发射一次，大约耗资 5 亿～15 亿美元。航天飞机一共飞行了 135 个航班，总费用相当于 2010 年的 2 100 多亿美元。

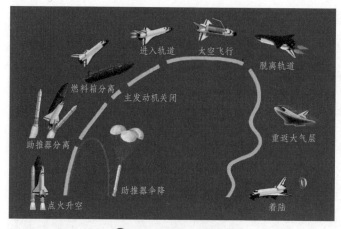

进入轨道　太空飞行

脱离轨道

燃料箱分离

主发动机关闭

助推器分离

重返大气层

助推器伞降

点火升空

着陆

⬆ 航天飞机的飞行时序

定在燃料箱的两侧。燃料箱和火箭助推器以"一"字形排列，整架航天飞机以"品"字形分布。

航天飞机非常庞大。它高度 56.1 米，最大直径 8.7 米，总质量 2 030 吨。当屹立在美国肯尼迪航天中心发射台上的时候，它那白黄相间的身躯，非常雄伟、壮观，令人震撼。

美国宇航局一共建造了 6 架航天飞机，都以大航海时代的著名帆船命名："企业"号、"哥伦比亚"号、"挑战者"号、"发现"号、"亚特兰蒂斯"号和"奋进"号。"企业"号是一架试验飞机，其他 5 架都飞入太空，执行过各项太空任务。

⬆ "波音-747" 运载机将航天飞机送往肯尼迪航天中心

⬆ 航天飞机正视

⬆ 航天飞机侧视

⬆ 航天飞机俯视

1977年，美国第一架航天飞机——"企业"号试验飞行。1981年4月12日，美国航天飞机正式飞行。

因为轨道飞行器很像一架飞机，因而人们约定俗成，将轨道飞行器称为航天飞机。轨道飞行器，简称飞行器。它一般可乘坐8位宇航员，长度37.24米，高度17.25米，翼展23.79米，自身质量68.5吨，最大起飞质量109吨，最大着陆质量100吨，最大运载量27.5吨，飞行高度190~960千米，飞行速度7 743米/秒，大约27 875千米/时。

飞行器的前部是宇航员座舱，分上、中、下三层。上层为主舱，有驾驶舱、生活舱、卧室、卫生间、厨房、健身房和贮物室。驾驶舱有6块耐压前窗玻璃、2个顶部舱窗和2个后视的货舱窗各。驾驶舱共有2 020多个显示器和控制器。机长的座位在驾驶舱的左边，飞行员的座位在右边。中层为中舱，宇航员工作和休息的地方；下层为底舱，安装了各种管道、风扇、水泵、油泵和垃圾箱等。

飞行器的中部为货舱，宽度4.6米，长度18米。这是装运人造卫星、太空探测器和大型实验设备的地方。它可装载27.5吨物品进入太空，也可载14.5吨物品从太空返回地面。货舱的上部有两个可以开关的盖子，发射和降落时

↑ 轨道飞行器

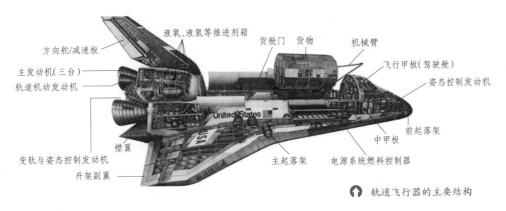

方向舵/减速板　　液氧、液氢等推进剂箱　　货舱门　货物　　机械臂

主发动机(三台)　　　　　　　　　　　　　　　　　飞行甲板(驾驶舱)

轨道机动发动机　　　　　　　　　　　　　　　　　姿态控制发动机

　　　　　　　　　　　　　　　　　　　　　　　前起落架

襟翼　　　　　　　　　　　　　　　　　　　中甲板

变轨与姿态控制发动机　　　　　主起落架　电源系统燃料控制器

升架副翼

↑ 轨道飞行器的主要结构

关闭，进入太空后打开散热。货舱两侧安装了两只加拿大制造的太空机械臂，用于施放、回收和修理人造卫星等航天器。

飞行器的尾部是左右轨道操纵系统、机身襟翼、垂直尾翼，以及飞行器与

外燃料箱的连接支架。尾部还安装了三台主发动机、两台机动发动机、高压涡轮泵和推进剂输送管等。主发动机在起飞时工作。它使用外挂燃料箱中的推进剂。每台主发动机可以产生1 668千牛的推力。

飞行器的中部和后部两侧是机翼，在降落地球时用于滑翔和减速。飞行

🔼 驾驶舱里的显示器和控制器

🔼 防热瓦：采用耐高温的碳碳复合材料

🔼 尾部的三台主发动机和两台机动发动机的喷嘴

器的头部、机翼前缘和全身，粘贴了约2万块像橡胶一样的防热瓦。防热瓦能抵抗-121℃的低温和1 650℃的高温。在返回地球时，飞行器将产生最高达到1 500℃的高温。防热瓦可以防止飞行器烧毁。

在飞行器的头锥部和尾部内，还有44台用于轻微调整姿态的小发动机。机头下方是前起落架、轮舱和舱门。机身后部有后起落架、轮舱和舱门。

在轨道飞行器的左右各有一个白色、尖头、火箭一样的圆柱体——固体火箭助推器，简称火箭助推器、助推器。它长度45.46米，直径3.71米，总质量590吨。火箭助推器的两头连接在外挂燃料箱上。每枚火箭助推器燃烧时间

127 秒，产生 12 500 千牛的推力，占航天飞机起飞时 83%的推力。

　　火箭助推器包括火箭发动机、结构、动力控制、分离、回收、电子和仪表等子系统。火箭助推器装载了 450 吨固体燃料。固体燃料稳定、安全、可靠，能长期储存，但热能差一些。这些燃料一般都是中空的，圆形、圆柱形、三角形或扁状的颗粒，看上去和摸上去都像橡皮，软软的，富有弹性。

　　当航天飞机发射时，火箭助推器与主发动机同时点火。在飞行的前两分钟，它为航天飞机提供巨大的推力，挣脱地球引力。当大约上升到 45 千米高度时，火箭助推器与飞行器和外挂燃料箱分离，打开降落伞降落。最后，火箭助推器会溅落在预定海域，经过回收、检测、翻新，火箭助推器再重复使用。

⬆ 火箭助推器

　　在航天飞机中间，有一个橘黄色的大家伙。这就是外挂燃料箱，简称燃料箱。它的主要功能是向主发动机提供液态氧和液态氢燃料。它也是航天飞机的支柱，为两个固体火箭助推器和轨道飞行器提供连接点。燃料箱是航天飞机唯一不能重复使用的部件。

　　燃料箱长度 46.9 米，直径 8.4 米，空重 26.5 吨，能装 760 吨液氢液氧推进剂。它主要由三部分组成：前面的

⬆ 火箭助推器与外挂燃料箱分离

氧燃料箱，后面的氢燃料箱，中间是一个设备箱。设备箱将两个燃料箱连在一起，里面还有仪表和燃料处理设备等。同时，它也为火箭助推器前端提供连接结构。

　　燃料箱的"皮肤"是一层防热瓦，覆盖全身。它是一层 2.5 厘米厚的聚氨酯泡沫层，特点是保温、隔热、极轻。燃料箱里有一套燃料输送系统，一个加

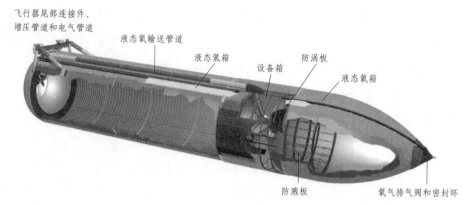

飞行器尾部连接件、增压管道和电气管道
液态氧输送管道
液态氢箱
设备箱
防涡板
液态氧箱
防溅板
氧气排气阀和密封环

⬆ 燃料箱的结构透视图

压与通风系统，一个调控温度系统；还有一个电子系统，负责分配电力、仪表信号，提供闪电保护。

当航天飞机发射升空时，燃料箱为三台主发动机和两台固体火箭发动机提供燃料和推力。在升空大约 8.5 分钟，到达距离地球大约 113 千米的太空，燃料箱燃料耗尽，立即分离。燃料箱大部分在大气中烧毁，残骸落进印度洋里，完成任务。

⬆ 燃料箱

8.2 奇迹与贡献

　　1981 年 4 月 12 日，位于卡纳维拉尔角的美国肯尼迪航天中心，上百万人兴高采烈，载歌载舞。他们要观看正式飞行的第一架航天飞机——"哥伦比亚"号发射。美国宇航员约翰·扬和罗伯特·克里本参加首次飞行。现在，揭开航天史上新一页的时刻到了。

　　"女士们，先生们：1981 年 4 月 12 日，今天是一个值得纪念的日子。20 年前的今天，苏联宇航员加加林带着人类的梦想首次进入太空。今天，'哥伦比亚'号航天飞机将首次进行载人发射，具有特别的纪念意义。

　　"我是美国广播公司的露丝小姐。上帝啊，为了观看这次破天荒的发射，大约有 100 万人从世界各地赶到卡纳维拉尔角。现在，美国总统罗纳德·里根和第一夫人、英国女王伊丽莎白二世等 100 多位国家首脑政要，以及首次登上月球的宇航员阿姆斯特朗……来到观礼台。

　　"美国有线电视新闻网，现在开始直播这次具有历史意义的发射……哦，

美国宇航员约翰·扬（左）和罗伯特·克里本

"哥伦比亚"号首飞成功

有一位小姑娘说，希望宇航员到达太空代她吻一下上帝的手。全球大约有5亿多人在观看发射的盛况……祝他们成功！"

12时03秒，"哥伦比亚"号航天飞机点火发射。当"哥伦比亚"号徐徐离开发射台，飞向太空的时候，英国女王伊丽莎白二世情不自禁地站起来，惊叹道："哦，上帝，它真的飞了！"

"哥伦比亚"号进入近地点246千米，远地点274千米，轨道倾角40.3°，轨道周期89.88分钟的低轨道。它在太空飞行了2天6小时20分钟，航程128万千米，环绕地球36圈。"哥伦比亚"号开启了航天飞机时代！

航天飞机打开舱盖，散发热量

航天飞机准备对接国际空间站，运送舱段

"哥伦比亚"号航天飞机从第一个航班到最后一秒钟焚毁，共飞行了28个航班。在太空300多天，完成4 808圈轨道飞行，飞行了2亿多千米。"哥伦比亚"号最早参与空间站计划，但从未到过"和平"号空间站和国际空间站。

"挑战者"号从1983年4月4日首飞到1986年1月28日爆炸，仅飞行了10个航班。它在太空62天，围绕地球轨道飞行995圈，飞行2 580万千米；部署了10颗卫星，包括美军的"锁眼"照相侦察卫星。"挑战者"号曾将美国第一位女宇航员、第一位非洲裔美国宇航员、第一位加拿大宇航员送上太空；实现了第一次夜间发射和夜间着陆。"挑战者"号也是第一架失事的航天飞机。

"发现"号在太空上共度过了365天，飞行距离2.38亿千米。它利用太空优势，施放部署了31颗卫星和航天器，包括"哈勃"太空望远镜、"尤利西斯"探测器和3颗"跟踪与数据"中继卫星。"发现"号是执行任务最多，飞行时间最长，创下飞行纪录最多的航天飞机。

"亚特兰蒂斯"号在太空近300天，围绕地球轨道5 000多圈，飞行距离

1.9 亿千米。它部署了 14 颗卫星和航天器，包括"麦哲伦"号金星探测器、"伽利略"号木星探测器和"康普顿"太空望远镜。"亚特兰蒂斯"号曾为国际空间站运送了"命运"舱、"寻求"号气密舱、两个巨大的桁架、太阳能帆板、"哥伦布"实验室等，还执行过维修"哈勃"太空望远镜的任务。

↑ "亚特兰蒂斯"号宇航员驾驶航天飞机

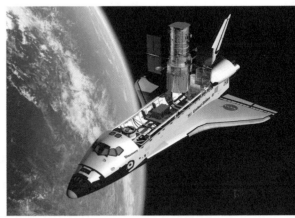

↑ 航天飞机运送"哈勃"太空望远镜

↑ 宇航员修理"哈勃"太空望远镜

↑ 宇航员太空行走，施放卫星（蓝色）

　　"奋进"号在太空约 290 天，轨道飞行 4 000 多圈，累计飞行距离 1.8 亿千米，部署过 3 颗卫星。它第一次飞行就捕获、修理，并重新施放了"国际-6"号通信卫星。爱达荷州唐纳利小学教师、宇航员芭芭拉·摩根乘坐"奋进"号进入太空，并第一个在太空开课。

……

从 1981 年 4 月 12 日第一次飞行，到 2011 年 7 月 21 日最后一次飞行，美国航天飞机共飞行了 135 个航班，总飞行时间为 1 322 天 19 小时 21 分钟 23 秒，围绕地球飞行了 21 158 圈。它将 136 万千克货物、815 人次送入太空，但也造成两架飞机损毁、14 名宇航员牺牲。

美国航天飞机在太空施放了 66 颗卫星，包括美国国防部的各种重大军事卫星、"跟踪和数据"中继卫星、"太空实验室"空间站、"哈勃"太空望远镜、行星际探测器等著名航天器。它进行了上万次太空科学实验，并参加了国际空间站的建造和维修。

科学家在太空、在航天飞机中进行了几万项科学试验和太空探测，取得了丰硕的科研成果，也促进了科技的突飞猛进。咱们现在用的互联网、笔记本电脑、手机、高清电视、激光通信、精准导航都是首次应用在航天飞机上的。

航天飞机登上太空舞台，开创了人类航天的新时代。美国航天飞机创造了无数奇迹，也为太空事业做出了巨大贡献。

8.3 橡皮圈的遗憾

祸兮福所倚，福兮祸所伏。

1984 年 10 月的一天，美国总统里根宣布：美国宇航局将在全国中小学中，挑选一名美国最优秀的教师，

"挑战者"号最后一次飞行的全体宇航员（左三为麦考利夫）

作为太空计划史上第一个公民乘客。

1985 年 7 月 19 日，美国副总统乔治·布什宣布：经过数月的严格筛选，新罕布什尔州康科德高中的历史学女教师——克里斯塔·麦考利夫胜出。另一位老师芭芭拉·摩根担任替补。

麦考利夫成为美国第一位太空游客、第一位太空教师。她将搭乘"航天飞机–51–L"航班到太空，为几百万学生进行太空授课。学生和同事们欢天喜地、吹号敲鼓欢送自己的老师——麦考利夫。

1986 年 1 月 28 日，美国东部时间 11 时 38 分 0 秒，"挑战者"号航天飞机点火、升空。上升 7 秒钟时，飞机翻转机身。第 16 秒钟时，机身背向地面，机腹朝天，完成转变角度。24 秒时，主发动机减慢了一点儿速度。"挑战者"号在空中画了一个优美的弧度，继续上升。

在上升至第 50 秒钟时，地面有人发现"挑战者"号右侧的火箭助推器冒出一丝丝白烟。这个现象没有引起人们的注意。11 时 39 分 12 秒，"挑战者"号正常。下一秒，也就是第 73 秒，"挑战者"号飞到高度 16.6 千米。

突然，"挑战者"号闪出一团亮光，燃料箱凌空爆炸。"挑战者"号瞬间爆炸，四分五裂……

麦考利夫曾经说过：太空探险、太空授课总会充满风险，甚至牺牲生命。为了科学和真理，这点儿牺牲算不了什么。

在电视机前观看发射的亿万观众，

⬆ "挑战者"号四分五裂

⬆ "哦，我的上帝！爆炸了！"观众简直无法相信

⬆ 航天飞机体型扁平，好处是在再入大气层时，背部压力密度小；坏处是防热层的面积大，维护困难，容易损伤

⬆ 这是航天飞机在 20 千米高度，达到 2.46 马赫时的热量和压力图。航天飞机表面的彩色为压力系数，灰色的轮廓表示周围的空气密度

都看到了这次爆炸的悲惨景象。人们惊愕、悲恸。

事故调查委员会后来查明："挑战者"号爆炸的直接原因是右侧火箭助推器一个 O 型密封圈失效所致。

痛定思痛！美国宇航局对航天飞机进行了大量改进:重新设计和改装的部件达 500 多个;固体助推器作了 40 处重大改进;主发动机作了 39 处改进;轨道飞行器作了 68 处重大结构改进和 210 处一般性改良。机翼、轮胎、刹车和前轮也都得到改进……

 # 8.4 最悲惨的一天

屋漏偏逢连夜雨，船迟又遇顶头风。

2003 年 2 月 1 日，"哥伦比亚"号完成任务，重返地球。

上午 9 时 51 分，在美国得克萨斯州达拉斯的 6 万多米上空，几个火球急速下降，映红了天空，速度越来越快。刺目的光焰和撕心裂肺的呼啸声令人胆战心惊。突然，火球爆炸，一声晴天霹雳响彻天地之间……

在离着陆只有 16 分钟时，"哥伦比亚"号被一种无法解释的力量推动，向左滚动。航天飞机稳定器自动打开，试图修正降落姿态。9 时 58 分，美国宇航局飞控中心记录了与"哥伦比亚"号的最后一次通话。

"'哥伦比亚'号，我是休斯敦飞控中心。我们读到了起降轮胎的压力数据。我们没有听清你最后一次通话的内容。"飞控中心指挥长呼叫。

机长里克·赫斯本德回答："知道了，嗯嗯……"这时，一声类似于开关切换的声音响了一下，就只剩下无线电的噪音。通信彻底中断。赫斯本德的这句话，成为 7 名宇航员留给这个世界的最后声音。

美国宇航局事后查明：在"哥伦比亚"号发射 82 秒后，三块防热瓦碎片从连接外燃料箱和航天飞机的支架处脱落，击中了左机翼前缘的防热瓦。每块碎片长约50厘米。当航天飞机重返大气层时，超高温气体从防热瓦的裂隙处进入"哥伦比亚"号机体，造成航天飞机解体，7名宇航员全部遇难。

美国宇航局哀悼：这是最悲惨的一天！

美国航天飞机是迄今为止人类制造的最复杂、最尖端的航天运载工具。航天飞机的起飞质量达2 300吨，竖起来高达56米，将近20层楼高。航天飞机拥有庞大而精密的系统，其中包括3 500个重要的分系统和250多万个零部件。

越简单的工具，越不容易坏；越复杂的工具，越容易坏。因为航天飞机系统庞大和精密，只要其中一个分系统或零部件失灵，它就可能导致重大事故。

"挑战者"号和"哥伦比亚"号的悲剧，导致14名宇航员丧生，这两次重大事故彻底改变了美国航天飞机的命运。美国宇航局决定：航天飞机完成国际空间站的运输任务后即退役。

美国航天飞机虽死犹生，为未来的太空飞机提供了经验和技术。尽管人类航天遭遇到困境和挫折，但人类航天的决心和信心绝对没有改变。

太空飞机，一定会成为自由、安全往返于天地之间的航天器。

"哥伦比亚"号宇航员的最后合影：壮士一去不复返

"哥伦比亚"号航天飞机开始解体

191

8.5 "暴风雪"的秘密

太空竞赛正在美苏之间轰轰烈烈地进行。1983 年 3 月 23 日，美国总统罗纳德·里根发表冷战时期著名的演说——《战略防御倡议》。

里根说：鉴于苏联咄咄逼人的攻势，美国必须研发和部署在太空、天空和地面作战的高科技武器，如微波武器、激光武器、高能粒子束武器、中子武器、电磁动能武器等高能定向武器，以及常规打击武器。美国将在苏联战略导弹来袭的各个阶段，进行多层次的拦截；以各种手段攻击苏联的洲际导弹和航天器，以防止苏联对美国和盟国发动核打击。

里根总统的《战略防御倡议》得到英国、意大利、西德、以色列、日本等美国盟国的积极响应，但全世界都十分惊讶，看不明白。

《战略防御倡议》被誉为"星球大战"计划。这是一个空手套白狼的计划。它的真正目的是：以"星球大战"为幌子，引诱苏联研发各种未来武器和暂时不太可能实现的武器，借此大量消耗和摧毁已经病入膏肓的苏联经济，从而不战而屈人之兵，消灭苏联。

玩航天，就是大把玩钱烧钱！

美国制定了"星球大战"详尽的路线图和时间表，采取声东击西、光说不练的策略，诱骗苏联上当花钱，拖垮捉襟见肘的苏联经济。

美国和盟国的新闻媒体一起发力，大肆宣传"星球大战"，达到人人皆知

里根总统发表冷战演说：战略防御倡议

的地步。美国十分担心北极熊不会上当。在铺天盖地的鼓噪下，苏联果真上当了。

苏联也制定了自己的"星球大战"计划，实实在在地研制各种太空武器、高科技武器，加紧研发各种天方夜谭般的新式武器，积极备战太空竞赛和星球大战。

苏联乐观地认为：只要研制出史无前例、超乎寻常的太空武器、高科技武器，就能彻底击败美国，独霸太空，称霸地球。

美国偷偷笑了，天天盼着苏联崩溃的那一天。

一百多年前，俄国宇航先驱齐奥尔科夫斯基就曾设想过飞机进入太空的可能性。20 世纪 70 年代初，美国制定了研制航天飞机的计划，并计划载人航天。不久，苏联间谍获得这个秘密计划：大事不好！美国已经试验了几次重型运载火箭。美国航天飞机具有巨大的运载能力，可能用于军事用途。

苏联国防部部长德米特里·乌斯季诺夫向苏共总书记勃列日涅夫作了汇报，声称美国佬已经超过苏联了！

苏联太空计划领导者、宇航将军、学术权威鲍里斯·切尔托克院士讲述了未来的航天飞机："它可以随时起飞，环绕地球飞行，执行战略和战术侦察、投掷核武器，进行战略威慑……"

苏联政府命令中央机械制造研究所、国防和战略分析专家研究院士们的意见。中央机械制造研究所所长尤里·墨兹霍林认为："航天飞机是完全可能的！

❶ "螺旋"太空飞机、"暴风雪"号航天飞机总设计师——格列布·洛金斯基

它的功能非常强大，威力和前景无限。我无法设想航天飞机的科技和制造，非常难。这需要一架大飞机，一枚大火箭，才能发射升空。"

1976 年起，格列布·洛金斯基就担任米亚西舍夫设计局总设计师、总工程师。这时，他一面弹着响指，一面侃侃而谈："10 年前，我们已经设计过'螺旋'号太空飞机，虽然不是很成功，但非常有经验。航天飞机属于太空飞机，不是新鲜玩意儿！"他满怀信心地说，"我们完全可以制造出航天飞机。"

勃列日涅夫长吁了一口气："这下我可放心了。你们大胆干吧！"

乌斯季诺夫命令："从今天开始，谁都不能浪费一分钟。你们给我必须抢在美国人的前面，在 10 年内造出苏联的航天飞机！"

"暴风雪"号航天飞机

苏联设计的"螺旋"号（左）和"暴风雪"号（右）航天飞机

1976 年，为了不输在太空竞赛的起跑线上，苏联开始研制航天飞机，力争占领太空制高点。苏联将航天飞机计划定名为"暴风雪"号计划。从一开始，它就确定为军事用途，但确切的军事能力严格保密。

为什么给航天飞机取名"暴风雪"？有什么含义？据说，苏联除了赋予航天飞机重大的科学、技术和军事意义，还赋予称霸地球和独霸太空的政治意义。苏联希望"暴风雪"号能像苏联严冬的暴风雪一样，横扫太空，将该死的美国佬从太空和地球上消灭掉。

说起来容易干起来难。

谢天谢地！这时，苏联潜伏在美国的几名间谍偷来了许多美国航天飞机的绝密技术和详细情报，许多技术难关迎刃而解。同时，专家们也发现：航天飞机，美国远远走在苏联的前面。

苏联精神高度紧张，调集了全国最优秀的科学家、工程师和技术人员，发誓要在 10 年之内造出航天飞机和超级火箭。苏联在全国各地以及西伯利亚秘密建造了几十个宇航城、设计局、工厂和学校，上百万人投入航天飞机的研制。

为了登上太空，苏联花费了大量的人力和财力，甚至到了砸锅卖铁的地步。为了国家的荣誉、尊严、强大和胜利，在一次次试验中，1 名元帅和 200 多名专家献出了生命。

苏联在研制"暴风雪"号的同时，还研制"小鸟"号、"贝加尔湖"号等另外四种航天飞机，以及 8 架试验机。

好消息一个接一个传来！间谍又偷来了美国航天飞机的技术资料。国防部长乌斯季诺夫也乐得学会了弹响指。

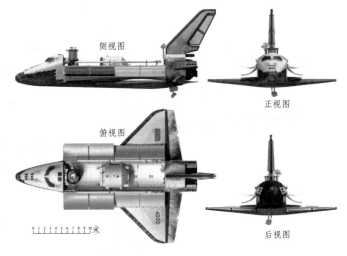

侧视图

正视图

俯视图

后视图

"暴风雪"号航天飞机就是苏联"星球大战"计划的一部分。

"暴风雪"号没有主发动机，需要"能源"号火箭运载才能飞上太空。

"暴风雪"号航天飞机长 36.37 米，高度 16.35 米，翼展 23.92 米，机翼角度 78°，机翼后掠角 45°；货舱长度 18.55 米，宽度 4.65 米，最大运载能力 30 吨，返回时可携带 15 吨物资。

0 1 2 3 4 5 6 7 8 9 10 米

🔊 "暴风雪"号航天飞机四视图

"暴风雪"号拥有上百个重要系统，总质量 105 吨。它的总结构和降落系统质量 42 吨，功能系统及推进器质量 33 吨，主发动机质量 14.2 吨，最大装载燃料 14.5 吨。

1986 年 5 月，刚刚组装好的"暴风雪"号开始进行电子系统的测试。8—9 月，苏联开始进行"能源"号火箭的发射试验。为保证有充足的冷却水做测试，附近的城市停水 10 天。在"暴风雪"号真正上天之前，苏联共进行了 140 余次飞行试验，其中包括近 70 次自动着陆试验。

"暴风雪"号航天飞机非常威猛。它的最大起飞质量 105 吨，着陆质量 82~87 吨，轨道高度 250~1 000 千米，着陆速度 312~360 千米 / 时。"暴风雪"号可使用 100 次以上，能将 30 吨有效载荷送入 200 千米高的低地球轨道，飞行时间 7~30 天。

"暴风雪"号的机组成员 2~10 人，标准机组成员 4 人，包括正副驾驶员各一名，另有两名从事舱外活动和科学研究的宇航员。

在"暴风雪"号航天飞机上能够进行科学实验、军事研究、施放卫星、运送大型货物，与"和平"号

🔊 最佳搭配："暴风雪"号航天飞机与"能源"号运载火箭

⬆ "暴风雪"号冲出卡门线后产生高温，它会打开货舱舱门凉快一下

⬆ "暴风雪"号货舱很大，可以装载大型航天器、空间站舱段、卫星、货物和科研仪器等

⬆ "暴风雪"号上有一个多功能机械臂，可施放和回收卫星，起吊大型装备

⬆ "能源"号运载火箭结构图

空间站对接，甚至发射投掷核武器。

苏联将发射"暴风雪"号的重型运载火箭命名为——"能源"号。"能源"号以苏联能源火箭公司的名字命名。

"能源"号重型运载火箭看上去是个大块头，很笨重。它由 1 枚芯级火箭和 4 个助推火箭组成，高度 60 米，相当于 20 层楼，最大直径 8 米。芯级火箭高度 60 米，直径 4 米，自身质量 400 吨，燃料 2 000 吨，起飞质量 2 400 吨，推力 3 500 吨。助推火箭高度 32 米，直径 2 米，净质量 25 吨，燃料 340 吨，发射质量 365 吨。

芯级火箭：4 台"RD-0120"发动机，海平面推力 29 000 千牛，真空推力 32 000 千牛；海平面比冲 309 米/秒，真空比冲 338 米/秒；燃料为煤油和液氧。

助推火箭：4 台"RD-170"发动机，海平面推力 5 800 千牛，真空推力 7 500 千牛；海平面比冲 359 米/秒，真空比冲 454 米/秒；燃烧时间 480~500 秒；燃料为液氢和液氧。

当芯级火箭和四个助推火箭组装在一起，就称为"能源"号运载火箭。"暴风雪"号航天飞机装载了两台小型发动机，能调整姿态和轨道。"能源"号执行发射"暴风雪"号航天飞机的任务，也可以单独作为运载火箭使用。"能源"号运载火箭的庞大身躯令人生畏。

毫无疑问，"能源"号运载火箭的发动机属于世界上最强大的发动机。

苏联将发射"暴风雪"号航天飞机的发射场定在拜科努尔航天中心。

比 冲

比冲是描述火箭发动机燃烧效率的单位名词。火箭发动机燃烧推进剂，就产生喷射力和爆发力。比冲就用来计算推进剂爆发了多少推力，单位为米/秒。比冲越高，代表喷射力和爆发力越高，推力效率越好。

➡ 火箭发动机的比冲与推力

苏联在拜科努尔航天中心为"暴风雪"号航天飞机建造了三座发射台。每一座发射台的高度都在100米以上，身影高大、威武、雄壮。

苏联航天飞机计划十分庞大，直接由国防部最高司令负责。苏联动用了整个国家的科技、财政力量，研发航天飞机。航天飞机是苏联人心中的宝贝。

🎧 准备完毕！"暴风雪"号骑在"能源"号火箭上发射

苏联的研制工作太神秘，引起西方和周边国家的注意。各个设计局、制造局和拜科努尔航天中心都是军事禁区，任何人不可靠近。苏联的国家安全机关克格勃命令："哪怕一只飞鸟飞越这里，望远镜也要检查它的眼睫毛，不然就打下来。"

8.6 最后一次辉煌

万事俱备，只欠东风！

1988 年 11 月 15 日，"暴风雪"号航天飞机终于可以起航了。

苏联航天飞机专家夸口道："我们十年磨一剑，现在锋芒毕露。它就是科学与智慧的结晶——'暴风雪'号。雄伟壮观的'暴风雪'号即将创造奇迹，也将创造极限。请睁大眼睛看看吧！"

当天早晨，苏联国家领导人和成千上万的航天专家来到拜科努尔航天中心，等待航天飞机升空的那一刻。

当地时间 6 时，"暴风雪"号航天飞机由"能源"号重型火箭运载，从拜科努尔航天中心 2 号发射台发射升空，巨大的火焰映红大地和蓝天。它冉冉升起，越飞越快。不一会儿，庞大的身躯越飞越高，消失在天空。那优美的姿态，漂亮的弧线让人终生难忘。

当发射"暴风雪"号时，芯级火箭和四枚助推火箭一起点火。在空中，四枚助推火箭燃烧完毕后分离；芯级火箭继续前进，一直把"暴风雪"号送到接

⏺ "暴风雪"号的飞行时序

⏺ "暴风雪"号航天飞机奋力向上，突破卡门线

近卡门线的高度，然后分离烧毁。这些火箭在分离后，完成了壮观、震撼的告别，许多残片拖着火焰和浓烟飞速坠落，在蓝天里灰飞烟灭。此情此景令许多火箭专家泪流满面，既自豪又悲伤。

"暴风雪"号发射升空后150秒，助推火箭分离；发射后480秒，芯级火箭分离，落入太平洋。不久，"暴风雪"号进行变轨，进入了一条近地点247千米，远地点256千米的轨道。"暴风雪"号飞行平稳，90分钟就环绕地球飞行了一圈。

莫斯科飞控中心一直在激动地欢呼，科学家们拥抱在一起，热泪盈眶。

"暴风雪"号飞越沙漠

"暴风雪"号飞越海洋

这是一次无人的测试飞行。苏联动用了6个地面跟踪站，4个流动跟踪站，以及地面通信系统、卫星宽带网络和电话通信系统，进行实时通信和数据传输，保障试验飞行成功。

在这次飞行实验中，"暴风雪"号没有宇航员，没有安装生命保障系统，也没有安装任何软件。由于计算机存储能力的限制，"暴风雪"号只环绕地球飞行了两圈，3小时25分钟，航程83 707千米。

在重返大气层后，"暴风雪"号成功返回地面。虽然当时正吹着17米/秒的侧风，但航天飞机降落仅仅比预定坐标横向偏了3米，向前超出10米，非常精准。

"暴风雪"号配备了小型发动机，在一定程度上实现了动力返航。当从太空返回地球时，小型发动机的动力能自主返航。如果一次着陆不成功，还可以第二次、第三次，增强了安全性和可靠性。它还可以通过机翼舵面调整飞行姿态，着陆时机动性比美国航天飞机优越。

　　航天飞机是美苏继卫星、飞船、登月、空间站竞赛之后的第五场太空竞赛。

　　"暴风雪"号虽然首飞成功，但生不逢时，这次飞行是它的第一次飞行，也是最后一次辉煌的飞行。

　　"暴风雪"号航天飞机是苏联太空探索史上最大和最昂贵的项目。为了"暴风雪"号航天飞机，苏联勒紧腰带花费了 200 亿卢布，以及大量人力和物力。这也是导致苏联经济危机和彻底崩溃的原因之一。

　　1991 年，红色帝国——苏联，彻底解体了。苏联解体的原因有很多，而太空竞赛、"星球大战"无疑是加速其经济崩溃的重要原因。

　　苏联解体后，"暴风雪"号和另外三种航天飞机部分或全部拆除，当废铁卖了。在俄罗斯最困难的时候，"暴风雪"号甚至屈尊，整修一新后到欧洲展览，赚取微薄的外汇。

　　苏联航天专家哀叹："太空竞赛太残酷了！星球大战太无情了！人们还想看看到底鹿死谁手。谁也想不到：猎人先倒下了！"

　　美国巧妙设计了"星球大战"计划，赢得了太空竞赛的胜利。同时，取得政治、经济、军事、外交和科技的全面胜利，完美击败了苏联。

　　现在人们才明白：为什么最高机密的航天飞机技术会频频落到苏联间谍的手里？哦！这是美国的苦肉计，引苏联上钩，让苏联增强搬起石头砸自己脚的决心。

　　历史证明：每一个美丽童话的背后，都隐藏着不可告人的阴谋。

"暴风雪"号环球航行，巡天遥看

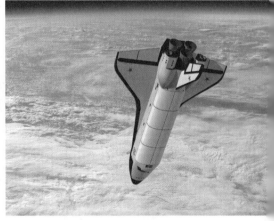

"暴风雪"号重返大气层